# Reise ins UNIVERSUM

## Die Welt der Sterne und Planeten

von Jacqueline und Simon Mitton

arsEdition

# Inhalt

Ein Marshall Editions Buch

Autoren: Jacqueline Mitton und Simon Mitton
Redaktion der Originalausgabe: Cynthia O'Brien, Kate Phelps, Katrina Maitland Smith
Bildrecherche: Sue Alexander
Layout: Simon Webb, Ralph Pitchford, Stephen Woosnam-Savage, Ed Simkins
Herstellung und DTP der Originalausgabe: Janice Storr, James Bann

Die Deutsche Bibliothek – CIP-Einheitsaufnahme

**Mitton, Jacqueline:**
Reise ins Universum : die Welt der Sterne und Planeten / von Jacqueline und Simon Mitton. [Aus dem Engl. von Peter Stättmayer und Evi Hummel]. - München : Ars-Ed., 1999
Einheitssacht.: The Marshall children's guide to astronomy <dt.>
ISBN 3-7607-4679-9

Nach den Regeln der neuen Rechtschreibung



Aus dem Englischen von: Peter Stättmayer, Evi Hummel
Lektorat der deutschen Ausgabe: Elke Hesse
Wissenschaftliche Beratung für die deutsche Ausgabe: Peter Stättmayer, Volkssternwarte München
Umschlaggestaltung der deutschen Ausgabe: Alberto Salamanca

△ **Nebel mit zwei Jets** Der Doppelstern im Zentrum dieses Nebels stößt mit sehr hoher Geschwindigkeit zwei Gasströme aus.

**Oben** Die blaue Farbe des Planeten Neptun kommt vom Methangas in seiner Atmosphäre.

**Vorherige Seite** Die Aufnahme zeigt einen leuchtenden Gasnebel in der Spiralgalaxie M33. Über 200 massereiche Sterne befinden sich im Zentrum dieses Gasnebels.

First published in the UK in 1998 by Marshall Publishing Ltd


Printed in Italy by Officine Grafiche de Agostini



ISBN: 3-7607-4679-9

## Das Universum



## Die Sterne

## Das Sonnensystem



## Himmelsbeobachtung



## Weltraumforschung



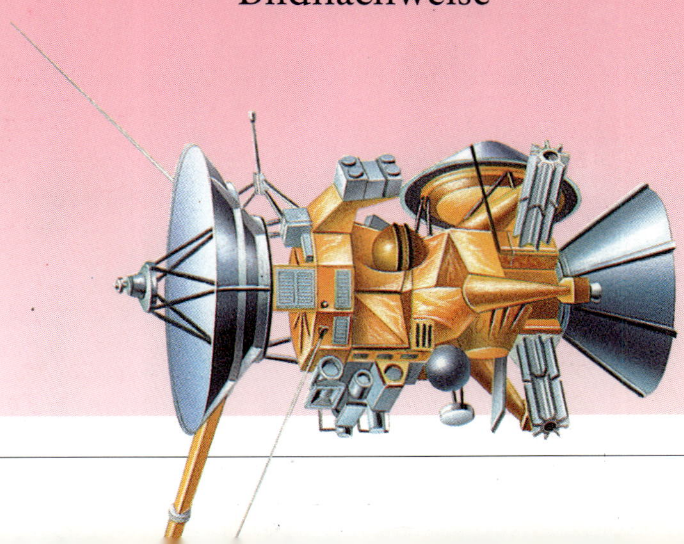

# Das *Universum*

*Das Universum ist riesig groß. Dazu zählen die Erde, die Sonne, der Mond, die anderen Planeten, Sterne und Galaxien. Astronomie ist die Wissenschaft, die sich mit der Erforschung des Universums befasst.*

Das Foto *(links)* zeigt helle Sterne, leuchtendes Gas und Staub in unserer Galaxie, der Milchstraße.

## Blick in den Weltraum

In einer klaren, dunklen Nacht lädt dich der Himmel zur größten Show auf Erden ein. Du brauchst kein Fernrohr. Deine Augen reichen aus, um Milliarden von Kilometern weit ins Weltall zu blicken. Du wirst Hunderte von Sternen am nächtlichen Himmel sehen. Du kannst den Mond und einige Planeten erkennen. Zur Familie der Sonne, dem Sonnensystem, gehören unser Planet Erde, der Mond sowie acht weitere Planeten und deren Monde. Das Sonnensystem und all die Sterne, die du sehen kannst, gehören zur Milchstraße, unserer Heimatgalaxie. Mit Teleskopen können die Astronomen Millionen von schwachen Sternen sehen, die zu unserer Galaxie gehören, und darüber hinaus die Sterne anderer Galaxien.

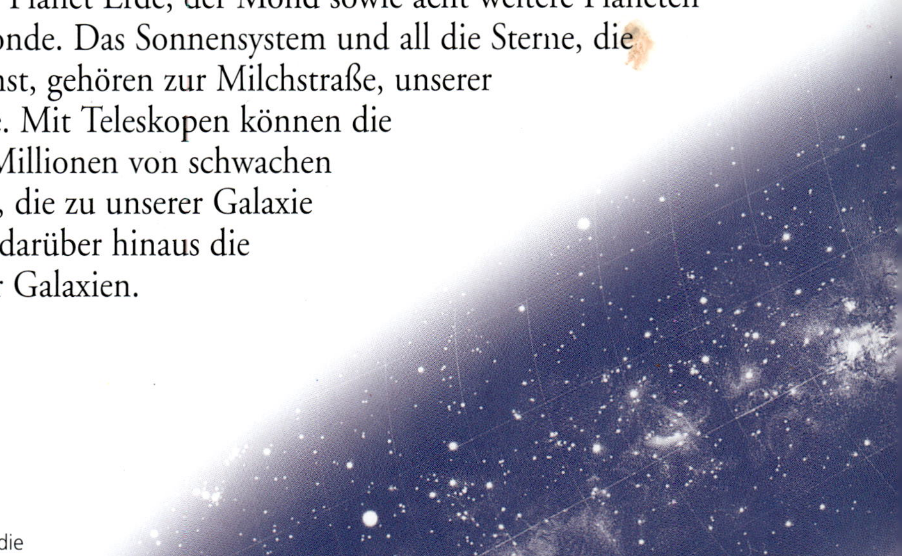

▷ **Was ist da draußen?**
Die Himmelskörper, die der Erde am nächsten sind, sind unsere Sonne und die Planeten, Monde und Kometen im Sonnensystem. Sie gehören zu einer Galaxie mit Milliarden von Sternen und riesigen Staub- und Gaswolken, der Milchstraße. Unsere Galaxie ist aber nur eine von unzähligen Galaxien im Universum. Das Bild zeigt eine Karte der ganzen Milchstraße.

**Der Mond**
Der nächste Nachbar der Erde im Weltraum ist der Mond. Dort gibt es keine Atmosphäre und kein flüssiges Wasser.

**Kometen**
Ein Komet ist ein Körper aus Eis und Staub, der die Sonne umkreist. Dabei bildet er einen Schweif aus Gas und Staub.

## Die Keck-Teleskope

Die größten optischen Teleskope der Erde sind die Keck-Teleskope auf Hawaii. Jedes Teleskop besitzt einen Hauptspiegel mit 10 m Durchmesser, der durch Computersteuerung exakt in seiner Lage gehalten wird. Die Teleskopzwillinge können zusammengeschaltet werden. Mit ihnen kann man mehr Details erkennen als mit jedem anderen Teleskop.

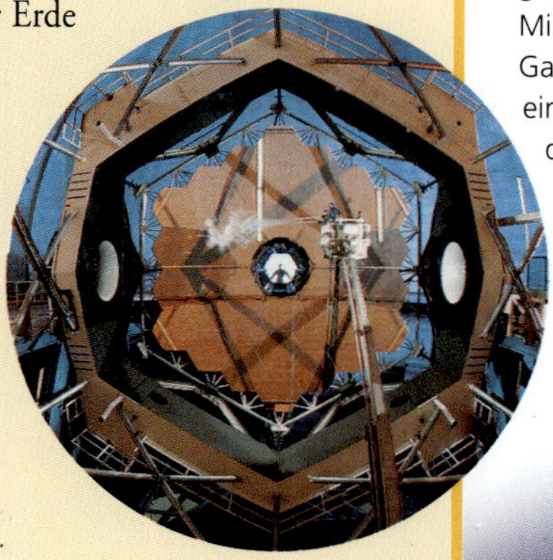

**Die Hauptspiegel**
Jeder der beiden Spiegel ist aus 36 sechseckigen Stücken zusammengesetzt.

**Galaxien**
Neben der Milchstraße gibt es im Universum Milliarden weiterer Galaxien. Jede bildet eine Familie aus Milliarden von Sternen wie unsere eigene Galaxie.

**Leuchtende Gasnebel**
Riesige Gaswolken werden durch die Sterne in ihrem Inneren zum Leuchten angeregt. Es gibt viele solcher Gasnebel zwischen den Sternen in unserer Galaxie.

## Galileo Galilei

Auch wenn er das Fernrohr nicht erfunden hat, so war Galileo Galilei (1564-1642) doch der Erste, der es in der Astronomie einsetzte und niederschrieb, was er damit sehen konnte. Er fertigte viele Fernrohre in seiner Werkstatt in Italien. 1610 entdeckte Galileo vier Monde, die um Jupiter kreisen. Er fand auch heraus, dass das verschwommene Licht der Milchstraße von vielen schwachen Sternen stammt.

**Galilei *(rechts)* und eines seiner 60 Fernrohre, die er konstruierte *(unten)*.**

**Sterne**
In einer klaren Nacht kannst du Hunderte von Sternen sehen. Die nächsten Sterne sind viele 1000-mal weiter entfernt als jeder Planet.

**Planeten und Monde**
Die neun großen Planeten im Sonnensystem haben zusammen mindestens 63 Monde. Andere Sterne in unserer Galaxie könnten auch Planeten und Monde besitzen.

### Planeten, Sterne und Galaxien

Die Sonne, die Planeten und ihre Monde sind die Hauptkörper im Sonnensystem, aber es gibt auch Asteroiden, Kometen und viel Staub.

Die Sonne ist der erdnächste Stern. Alle Sterne sind der Sonne ähnlich, aber wir sehen sie nur als Lichtpunkte, weil sie viel weiter entfernt sind. Sterne sind extrem heiße Kugeln aus glühendem Gas, die riesige Energiemengen abgeben und selbst leuchten. Sie sind im Allgemeinen viel größer als Planeten. Anders als Sterne erzeugen Planeten und Monde kein eigenes Licht, sondern leuchten, weil sie das Sonnenlicht reflektieren. Die Entfernungen zwischen den Sternen sind viel größer als das Sonnensystem. Der nächste Stern nach der Sonne ist fast 300.000-mal weiter als diese von uns entfernt.

In einer dunklen, klaren Nacht kannst du manchmal das Licht sehen, das von Milliarden weit entfernter Sterne in unserer Galaxie kommt – die Milchstraße. Sie sieht aus wie ein verschwommenes Lichtband, das am Himmel schimmert. Wenn wir zur Milchstraße blicken, dann schauen wir in die Ebene unserer Galaxie.

### Die Erde steht nicht im Mittelpunkt

**Geozentrisches Sonnensystem**

**Bewegung der Planeten**
Vor mehr als 2000 Jahren kannten die griechischen Astronomen nur fünf Planeten an unserem Himmel. Sie dachten, dass die Sonne, der Mond und die Planeten um die Erde kreisen. 1543 beschrieb Nikolaus Kopernikus das Sonnensystem mit der Sonne im Mittelpunkt. Die Beobachtungen, die Galilei mit seinen Fernrohren machte, bestätigten dies.

**Heliozentrisches Sonnensystem nach Kopernikus**

# Blick in die Vergangenheit

**Zeit als Entfernung**
Das Licht, das dieses Galaxienfoto erzeugte, wurde vor 51 Millionen Jahren auf die Reise geschickt. Die Galaxie ist 51 Millionen Lichtjahre entfernt.

Die Entfernungen der Sterne und Galaxien sind enorm. Astronomen beschreiben diese Entfernungen, indem sie die Zeit angeben, die das Licht für so eine weite Reise braucht. Auf die gleiche Weise, wie wir sagen können, eine Reise dauert drei Autostunden, können die Astronomen sagen, dass z. B. das Licht eines Sterns bis zu uns für seine Reise 100 Jahre benötigt. Da das Licht von anderen Galaxien sehr lange braucht, bis es zu uns gelangt, sehen wir diese Galaxien so, wie sie vor sehr langer Zeit aussahen. Ein Blick ins Weltall ist deshalb gleichbedeutend mit einem Blick in die Vergangenheit.

## Lichtgeschwindigkeit

Das Licht bewegt sich mit fast 300.000 km pro Sekunde fort. Nichts kann sich schneller bewegen als Licht. Ein Raumschiff würde für die 150 Millionen km von der Erde zur Sonne etwa ein Jahr brauchen, das Licht braucht gerade einmal acht Minuten. In einem Jahr kommt das Licht 9.500.000.000.000 km weit. Diese Strecke nennen wir ein Lichtjahr.

Je weiter ein Stern oder eine Galaxie von der Erde entfernt ist, umso länger braucht das Licht von dort zu uns. Der nächste Stern nach der Sonne ist über vier Lichtjahre entfernt. Das heißt, dass das Sternenlicht von dort vier Jahre braucht, um zu uns zu gelangen, und wir sehen den Stern so, wie er vor vier Jahren aussah. Eine der nächsten Nachbargalaxien ist drei Millionen Lichtjahre entfernt. Das Licht, das wir von dieser Galaxie heute empfangen, begann seine Reise noch bevor es Menschen auf der Erde gab. Wir wissen nicht, wie diese Galaxie heute aussieht; wir wissen nur, wie sie vor drei Millionen Jahren aussah.

Mit großen Teleskopen können wir Galaxien sehen, die Milliarden von Lichtjahren entfernt sind. Wenn wir diese Galaxien betrachten, blicken wir Milliarden von Jahren in die Vergangenheit zurück, in eine Zeit, wo sich die ersten Galaxien bildeten. So gesehen ist ein Fernrohr eine Art Zeitmaschine.

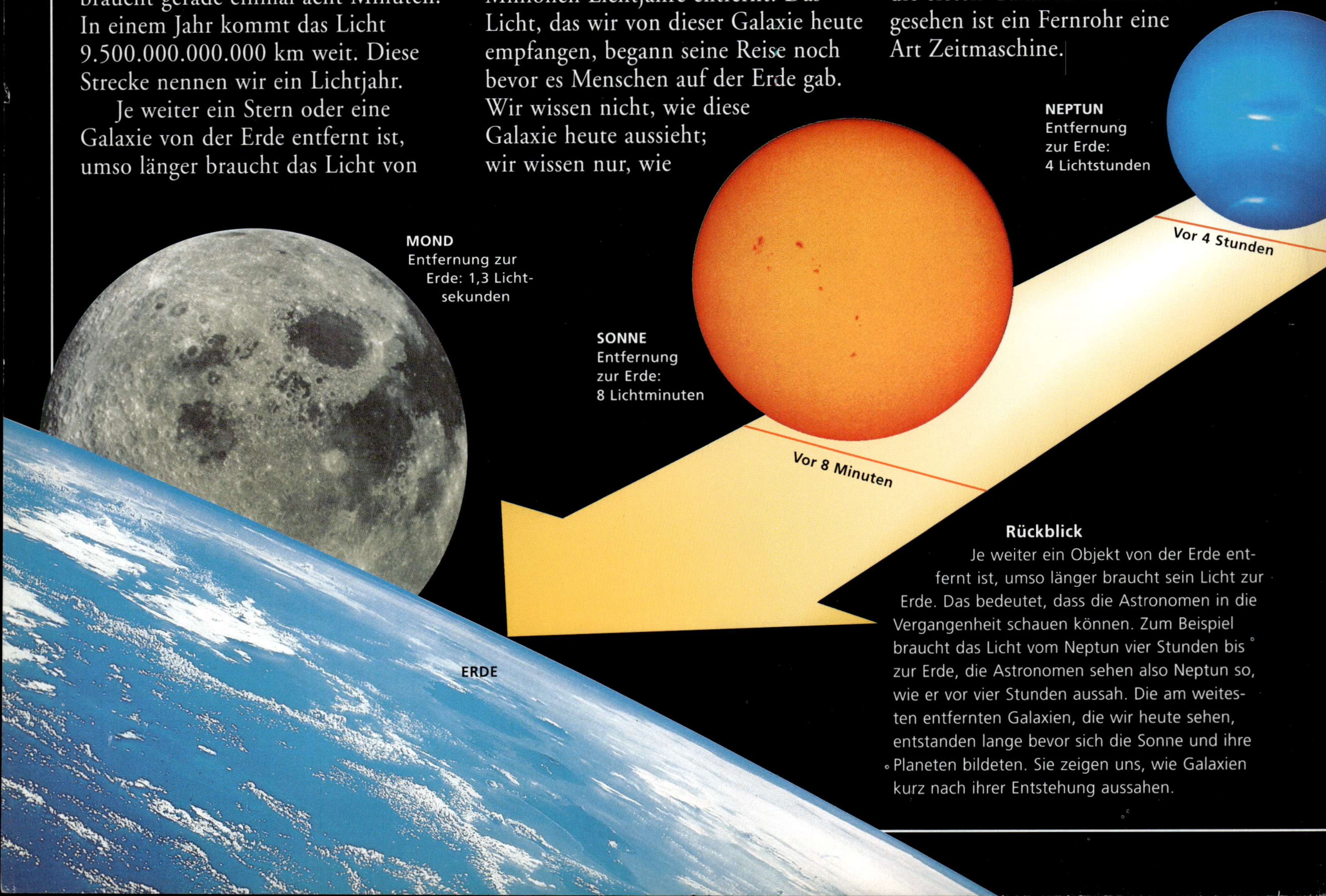


**Rückblick**
Je weiter ein Objekt von der Erde entfernt ist, umso länger braucht sein Licht zur Erde. Das bedeutet, dass die Astronomen in die Vergangenheit schauen können. Zum Beispiel braucht das Licht vom Neptun vier Stunden bis zur Erde, die Astronomen sehen also Neptun so, wie er vor vier Stunden aussah. Die am weitesten entfernten Galaxien, die wir heute sehen, entstanden lange bevor sich die Sonne und ihre Planeten bildeten. Sie zeigen uns, wie Galaxien kurz nach ihrer Entstehung aussahen.

**»Hubble Deep Field«**
Dieses spezielle Foto zeigt die schwächsten Galaxien, die je gesehen wurden. Es entstand durch Zusammenfügen von 342 Einzelbeobachtungen mit dem Hubble-Weltraumteleskop *(siehe nebenstehender Kasten)*. Es wird »Hubble Deep Field« genannt. Das Hubble-Weltraumteleskop betrachtet nur ein winziges Stückchen Himmel und entdeckte trotzdem 1500 Galaxien. Zehn Milliarden Lichtjahre weit entfernte Galaxien, die nur ein Zehntel des Alters unserer Milchstraße aufweisen, erscheinen als kleine »Fleckchen«. Ihr Licht war erst gerade auf dem halben Weg zu uns, als die Erde entstand.

# Hubble-Weltraumteleskop

Seit dem Start im April 1990 kreist das Hubble Space Telescope (oder HST) um die Erde. Außerhalb der unruhigen Erdatmosphäre hat es sehr viel klarere Sichtbedingungen als jedes Teleskop auf der Erde. Astronauten flogen zweimal – 1993 und 1997 – mit dem Spaceshuttle zum Fernrohr, um Fehler zu korrigieren und veraltete Teile auszutauschen. Das HST besitzt einen Hauptspiegel mit 2,4 m Durchmesser. Es nimmt Bilder von allen Arten von Himmelsobjekten auf. Die Astronomen erhoffen sich davon Erkenntnisse über Größe und Alter des Universums. Es wurde nach dem Astronomen Edwin Hubble benannt *(siehe S. 11)*.

**In einer Umlaufbahn um die Erde**
Das Hubble-Weltraumteleskop kreist in einer Höhe von 610 km in 90 Minuten um die Erde. Der Strom für das Teleskop stammt von zwei Sonnensegeln – auf jeder Seite eines –, die Sonnenlicht in Elektrizität umwandeln. Astronomen auf der Erde steuern das Teleskop und empfangen seine Beobachtungsdaten mit Radiosignalen.

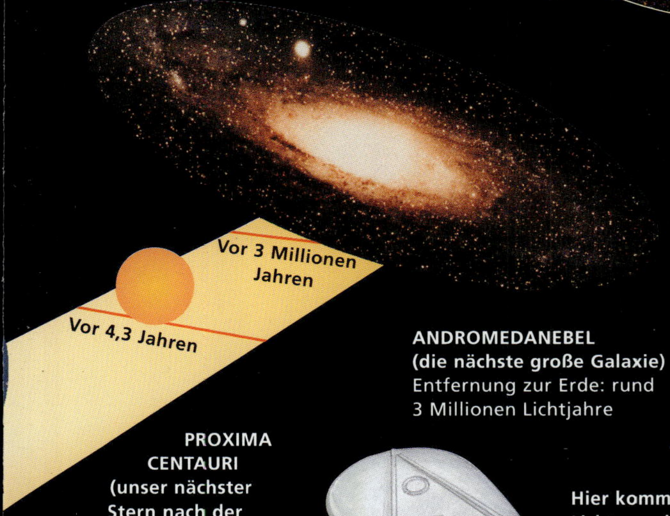


**ANDROMEDANEBEL**
**(die nächste große Galaxie)**
Entfernung zur Erde: rund 3 Millionen Lichtjahre

**PROXIMA CENTAURI**
**(unser nächster Stern nach der Sonne)**
Entfernung zur Erde: 4,3 Lichtjahre

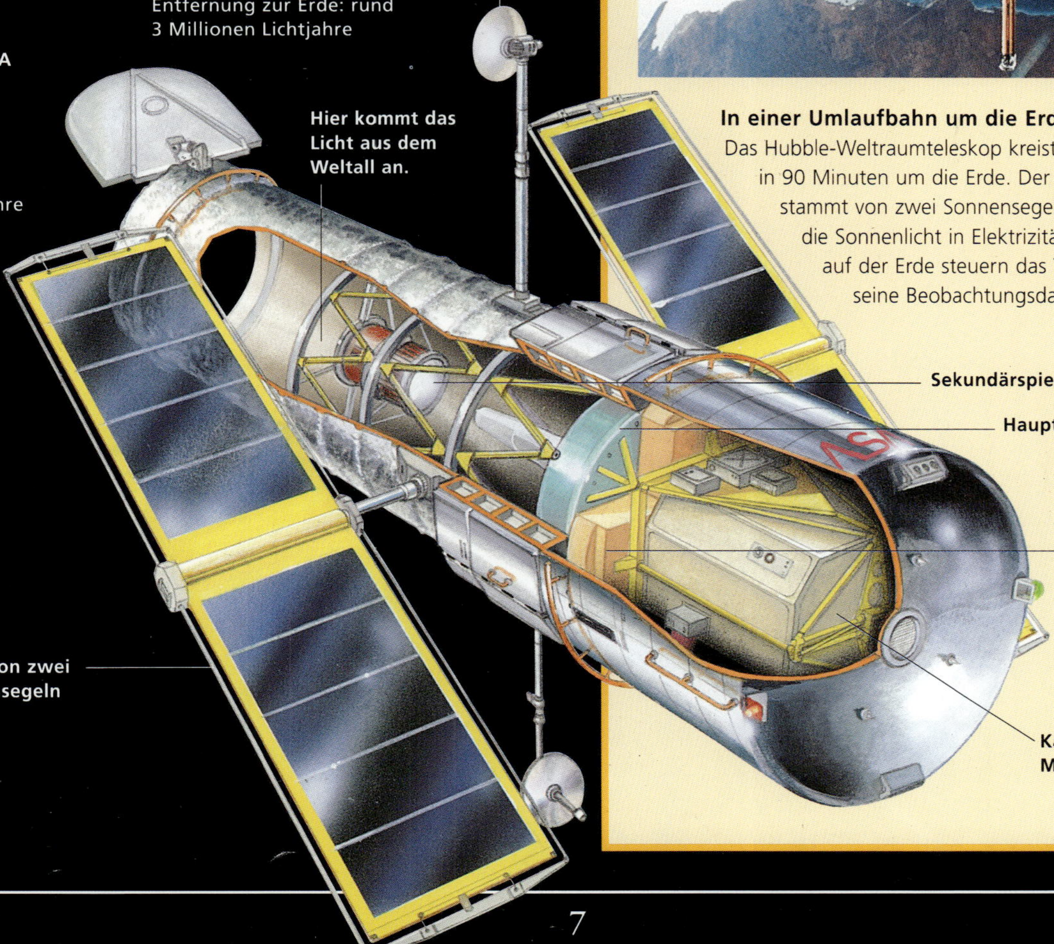

# Der Urknall

Unser Universum entstand vor etwa 15 Milliarden Jahren mit einer riesigen Explosion, die wir als Urknall bezeichnen. Das Universum ging aus einem unvorstellbar winzigen und extrem heißen Punkt enormer Energie hervor. Zu Beginn bestand es fast ausschließlich aus Energie. Aber während der ersten millionstel Sekunde verwandelte sich die meiste Energie in Materie. Alle existierenden Stoffe – fest, flüssig oder gasförmig – bestehen aus Materie. Das gesamte Universum mit seiner Materie und Energie dehnte sich schnell aus und kühlte gleichzeitig ab. Seitdem wird es ständig größer und kühler.

### DAS UNIVERSUM IN ZAHLEN

**Das Studium des Weltalls wird KOSMOLOGIE genannt.**

**Alter des Universums:**
etwa 15 Milliarden Jahre

**Anzahl der Galaxien im Weltall:**
etwa 100 Milliarden

**Anzahl der Sterne:**
etwa 10 Trilliarden Sterne

**Distanz der am weitesten von der Milchstraße entfernten Galaxien:**
etwa 14 Milliarden Lichtjahre

**Momentane Temperatur der Universums:** -270 °C

## Die Entstehung des Universums

**Was passierte?**
Das Universum entstand durch den Urknall. Am Anfang war es sehr klein und sehr heiß, aber es dehnte sich schnell aus. Während das Weltall wuchs, kühlte es ab. Energie verwandelte sich in Materie. Nach einiger Zeit lag der größte Teil der Materie in Form von Wasserstoff- und Heliumgas vor. Durch die Schwerkraft angetrieben verdichtete sich das Gas zu Klumpen. Die ersten Sterne im Weltall bildeten sich in diesen Klumpen und diese verschmolzen weiter zu Galaxien. Einige Galaxien verdichteten sich weiter und bildeten Scheiben, in denen sich Spiralarme entwickelten.

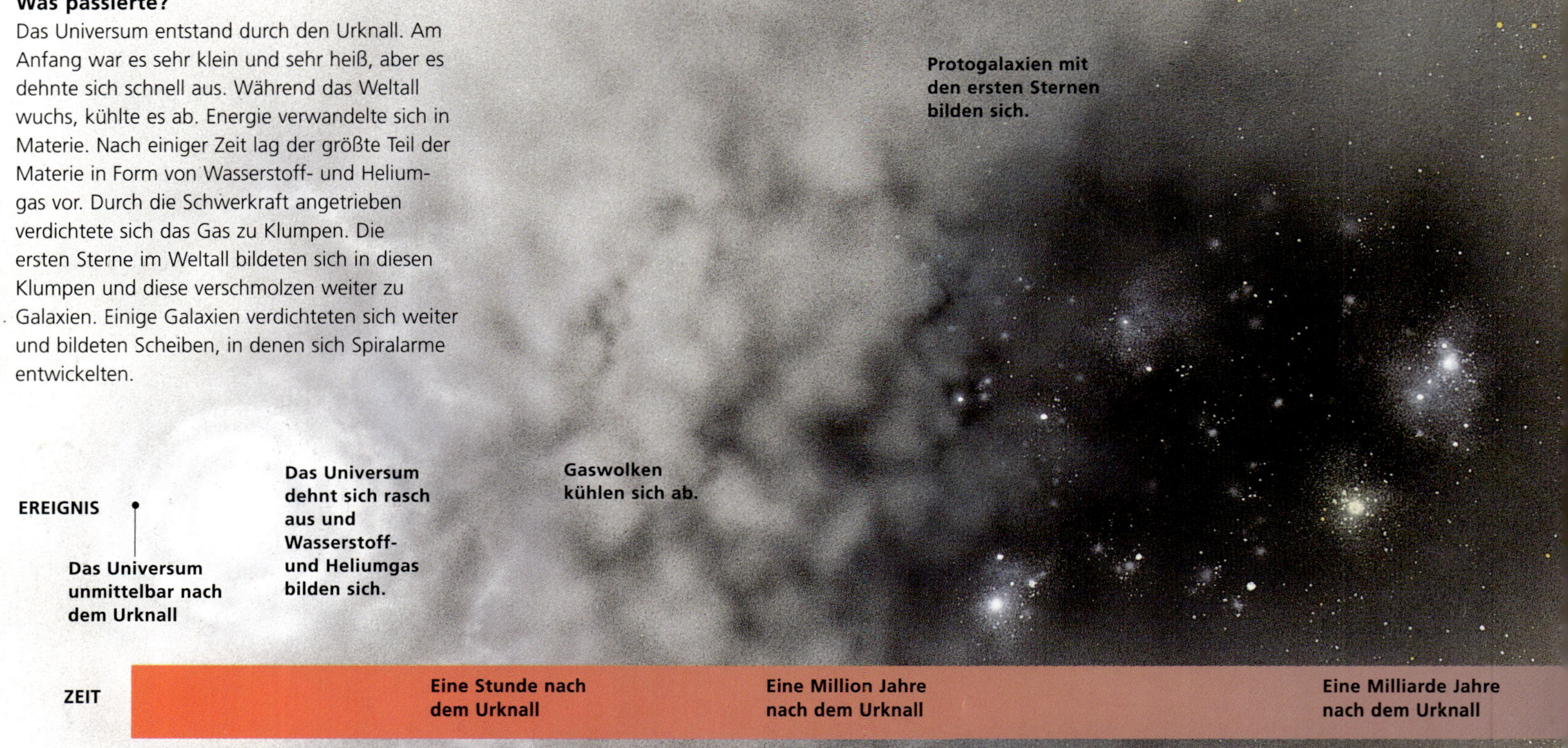


### Nach dem Urknall

Als sich das Weltall nach der gewaltigen Urknallexplosion ausdehnte und die Materie in alle Richtungen flog, begann die Schwerkraft eine Rolle zu spielen. Die Schwerkraft regiert das Universum. Sie ist eine Kraft, die jeden Körper zu einem anderen hinzieht. Jedes Material besitzt diese anziehende Kraft, Gravitation genannt. Je massereicher ein Körper, umso größer ist die Kraft.

Als das Universum erst eine Million Jahre alt war, begann sich das Wasserstoff- und Heliumgas zusammenzuziehen und formte rotierende Klumpen, die so genannten Protogalaxien. Dies war die Geburtsstunde der Galaxien. Kleine Gaswolken im Inneren der Protogalaxien wurden zu Sternen.

Protogalaxien kann man sich wie riesige Sternhaufen oder Zwerggalaxien vorstellen. Sie bildeten sich meistens in Gruppen und waren die Bausteine für Galaxien. Durch die Anziehung der Schwerkraft begannen die Protogalaxien zu kollidieren und zu verschmelzen.

Zuerst formten sie kleine Galaxien von unregelmäßiger Gestalt. Vermutlich entstanden die größeren spiralförmigen und elliptischen Galaxien, die wir heute sehen, durch Verschmelzen einer großen Zahl von Protogalaxien.

In vielen Galaxien bilden sich heute immer noch neue Sterne. Galaxien verschmelzen und verändern sich weiterhin. Auch jetzt werden in der Milchstraße neue Sterne geboren und gerade verschmilzt eine Zwerggalaxie mit unserer Galaxie.

**Räume und Wände**
Im Laufe der Zeit begannen die Galaxien Haufen zu bilden und sich um riesige leere Räume anzuordnen. Die Leerräume sind wie das Innere von Schaumblasen, die Galaxien und Galaxienhaufen stellen gleichsam die Wände dieser Blasen dar.

# *COBE* und die kosmischen Wellen

Der Cosmic Background Explorer (COBE) Satellit wurde 1989 gestartet und sollte die Wärme erkunden, die vom Urknall übrig geblieben ist, die sogenannte Kosmische Hintergrundstrahlung. COBE erstellte eine Temperaturkarte des gesamten Himmels und fand darin kleine Unterschiede, so wie kleine Wellen. Auf der Karte sind die blauen Gebiete um einen winzigen Bruchteil kühler als der Durchschnitt und die roten Regionen sind wärmer. Die von COBE gemessene Hintergrundstrahlung ist eine halbe Million Jahre nach dem Urknall ausgesandt worden. Die winzigen Schwankungen über dem Himmel zeigen, dass das Universum damals aufgehört hatte, überall gleichartig zu sein. Als das Weltall nicht mehr ruhig und gleichmäßig war, begann sich die Materie zusammenzuballen.

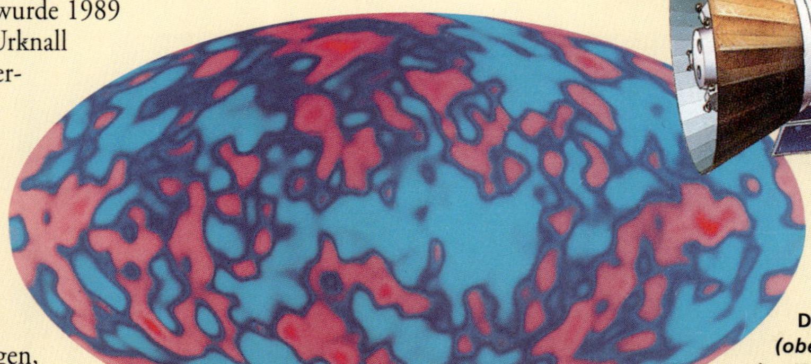

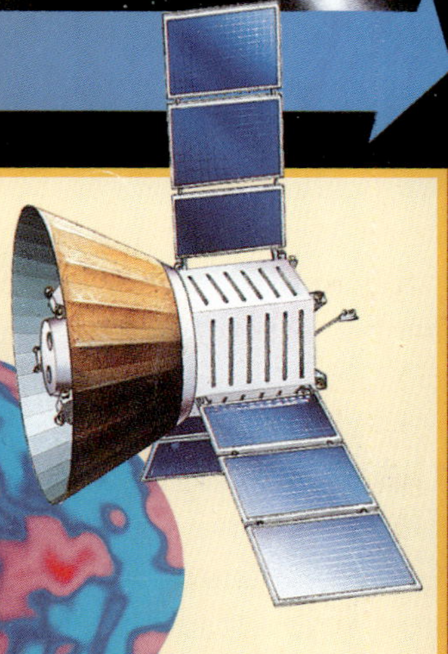

**Der Satellit COBE *(oben)* erstellte eine Karte von der Hintergrundstrahlung im Kosmos *(links)*.**

# Galaxien im Weltraum

Eine Galaxie ist eine Gemeinschaft von Milliarden von Sternen, die im Weltraum durch die anziehende Wirkung der Gravitation zusammengehalten wird. Galaxien sind nicht gleichmäßig verteilt, sondern meist in riesigen Schichten, Fäden oder Gruppen angeordnet. Manche gehören zu großen Familien, den so genannten Haufen. Galaxienhaufen können Tausende von Mitgliedern haben. Viele solcher Galaxienhaufen gehören zu noch größeren Familien, den Superhaufen. Ein typischer Superhaufen enthält etwa 12 Galaxienhaufen und hat einen Durchmesser von mehreren hundert Millionen Lichtjahren.

**Der Virgohaufen**
Diese Fotografie zeigt einen Teil des Virgohaufens, einer Ansammlung von mehreren tausend Galaxien in 50 Millionen Lichtjahren Entfernung. Die beiden hellsten Galaxien auf dem Bild sind M86 *(in der Nähe der Bildmitte)* und M84 *(rechts)*. M87, die massereichste Galaxie im Virgohaufen, ist auf S. 13 abgebildet. Sie sorgt für den Zusammenhalt des Haufens.

## Unsere Nachbarschaft

Die Milchstraße gehört zu einem Haufen von etwa 30 Galaxien, die über fünf Millionen Lichtjahre verteilt sind. Dieser als Lokale Gruppe bekannte Galaxienhaufen ist sehr klein – viele Galaxien gehören zu Haufen aus Hunderten oder gar Tausenden von Mitgliedern. Fast alle Mitglieder der Lokalen Gruppe sind kleine (oder Zwerg-) Galaxien. Viele sind sehr lichtschwach und wurden erst kürzlich entdeckt. Die Lokale Gruppe liegt nahe dem Rande einer Familie von ungefähr 400 Galaxienhaufen, die zum Lokalen Superhaufen gehören.

## Galaxienbewegungen

Durch Messung der Entfernung von Galaxien erfahren wir etwas über den heutigen Aufbau des Universums. Um jedoch die zukünftige Struktur des Weltalls vorherzusagen, müssen wir wissen, wie sich Galaxien bewegen.

Ein Galaxienhaufen rast umso schneller von der Milchstraße weg, je weiter er entfernt ist. Die Art der Galaxienflucht wie nach einer gewaltigen Explosion dient den Astronomen als Beweis für die Urknalltheorie. Jedoch bewegen sich die Galaxien nicht durch den Weltraum. Vielmehr dehnt sich der Raum selbst aus.

Die anziehende Wirkung der Gravitation zwischen allen Galaxien verlangsamt die Expansion des Weltalls. Lange Zeit haben die Astronomen gerätselt, ob die Gravitation möglicherweise die Expansion stoppen kann und sich dann alle Galaxien wieder annähern, sodass das Universum in einem »Endkollaps« endet. Aber nachdem sie mit den größten Teleskopen weit ins Weltall vorgedrungen sind, glauben die Astronomen heute eher, dass das Universum ewig expandieren wird.

**Der Lokale Superhaufen**
Im Lokalen Superhaufen sind etwa 400 Galaxienhaufen vereinigt, einschließlich der Lokalen Gruppe, die an seinem Rand liegt. Die Schwerkraft des riesigen Virgohaufens zieht die Mitglieder des Lokalen Superhaufens zusammen. Zwischen den Superhaufen gibt es riesige Leerräume.

**Die Lokale Gruppe**
Von den etwa 30 Galaxien, aus denen die Lokale Gruppe besteht, sind die Milchstraße, der Andromedanebel und die Spiralgalaxie M33 die größten. Es gibt neun Zwerggalaxien in der Nähe der Milchstraße und acht weitere nahe beim Andromedanebel.

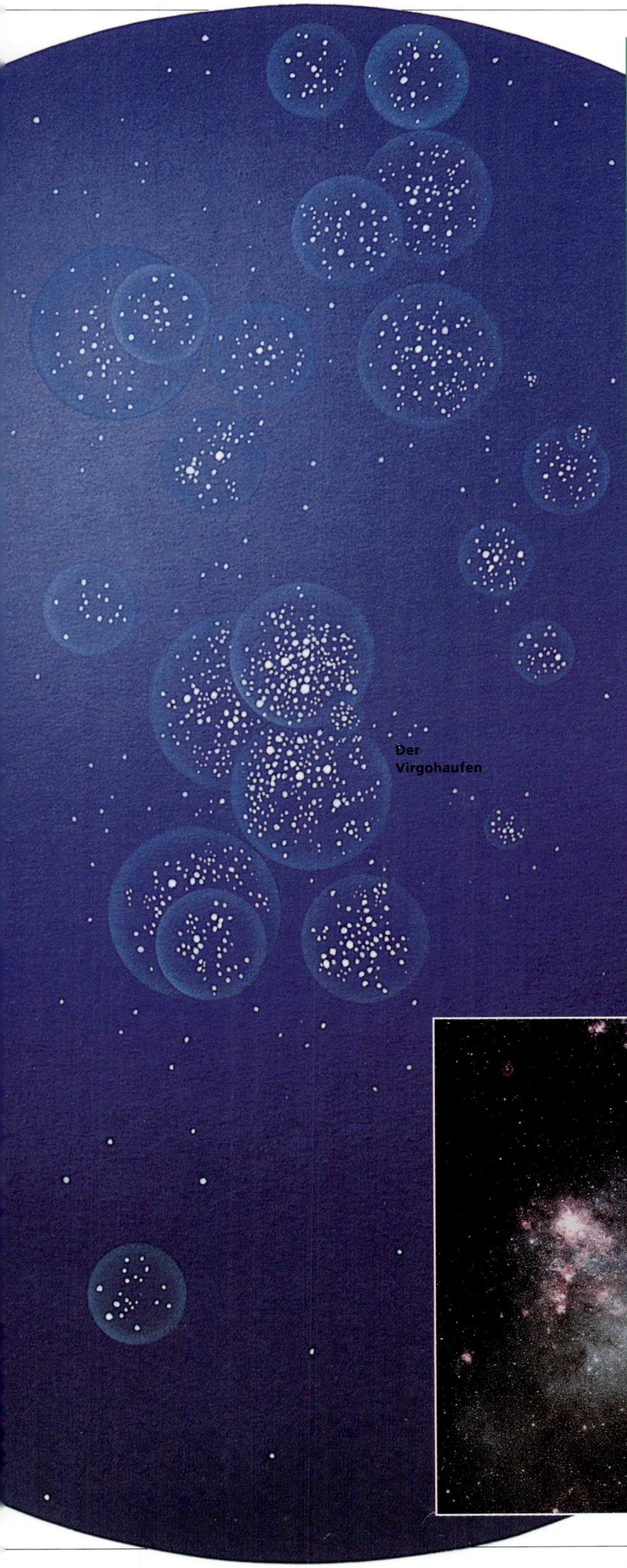


# Edwin Hubble

Einer der größten Astronomen des 20. Jahrhunderts, Edwin Hubble (1889-1953), identifizierte unter anderem Einzelsterne in der nahegelegenen Galaxie M33. Wenn sich eine Galaxie auf uns zu- oder von uns wegbewegt, hat das Licht, das wir von dieser empfangen, eine andere Farbe als bei einer Galaxie in Ruhe. Eine sich wegbewegende Galaxie erscheint röter. Man sagt, sie habe eine Rotverschiebung. Eine sich nähernde Galaxie erscheint blauer. Sie hat eine Blauverschiebung. Diese Farbveränderung heißt Dopplereffekt.

Mithilfe des Dopplereffekts vermaß Hubble die Geschwindigkeiten der Galaxien und machte die überraschende Entdeckung, dass eine Galaxie sich umso schneller bewegt, je weiter sie weg ist. Er fand heraus, dass die Geschwindigkeit einer Galaxie unmittelbar mit ihrer Entfernung verknüpft ist. Heute nennt man das Verhältnis zwischen der Geschwindigkeit und der Entfernung einer Galaxie die »Hubble-Konstante«. Sie zeigt, dass das Universum immer größer wird.

Edwin Hubble *(links)* zeigte, dass M33 *(oben)* eine Galaxie außerhalb unserer eigenen ist.

**Unsere Nachbarin, die Große Magellansche Wolke**
Diese mittelgroße Galaxie gehört zur Lokalen Gruppe und ist eine Begleitgalaxie unserer Milchstraße. Das heißt, sie umkreist die Milchstraße. Die Große Magellansche Wolke braucht für einen Umlauf mehr als zwei Milliarden Jahre und ist 165.000 Lichtjahre entfernt. Sie besteht aus 20 Milliarden Sternen.

# Eine Galerie von Galaxien

Galaxien gibt es in unterschiedlicher Größe, Form und Masse. Manche sind von Natur aus schwach. Andere senden immense Mengen Licht und Wärme aus. Alle Galaxien sind Sterngemeinschaften. Viele enthalten außerdem Wolken aus Gas und Staub. Die allerkleinsten Galaxien haben nur ein paar Millionen Sterne und sind nur etwa 1000 Lichtjahre groß. Die größten Galaxien haben Abermilliarden von Sternen und besitzen Durchmesser von mehreren hunderttausend Lichtjahren. Mit bloßem Auge sieht man von der Erde aus gerade mal drei Galaxien als schwache nebelige Lichtfleckchen. Aber mit großen Teleskopen sieht man Abermilliarden. Auf einem Fleckchen Himmel so groß wie der Vollmond befinden sich viele tausend Galaxien.

**Spiralgalaxie NGC 2997**
Diese Galaxie ist der Milchstraße sehr ähnlich. Die beiden Spiralarme, die aus dem Zentrum herauskommen, bestehen aus jungen Sternen, leuchtenden Gaswolken und einigen Staubregionen.

### Die Gestalt der Galaxien

Die meisten Galaxien sind elliptisch geformt. Riesengroße elliptische Galaxien haben 10-mal so viele Sterne wie die Milchstraße, sind aber relativ selten. Kleine Galaxien bestehen nur aus wenigen Millionen Sternen.

Spiralgalaxien sind größer und heller als elliptische Zwerggalaxien. Sie bestehen aus Milliarden bis Billionen Sternen und besitzen normalerweise zwei Hauptspiralarme, die aus einem bauchigen Zentrum heraustreten. Die Arme können eng gewunden oder lose offen geformt sein. Da sich eine Spiralgalaxie langsam um ihre Achse dreht, scheint es so, als ob ihre Arme nachgezogen werden. Von oben betrachtet können wir das Muster der Spiralarme sehen. Von der Seite sehen wir die zentrale Verdickung und oftmals einen dunklen Streifen, der von einer Staubschicht herrührt.

Mehr als ein Drittel aller Galaxien hat keine regelmäßige Struktur. Diese irregulären Galaxien sind meist kleiner als Spiralgalaxien und enthalten viel Gas. Manche dieser Galaxien wurden durch die Gravitation einer benachbarten Galaxie verformt.

**Balkenspiralgalaxie NGC 1365**
Bei etwa einem Drittel der Spiralen gehen die Arme aus den Enden eines zentralen Sternenbalkens hervor anstatt direkt aus dem Kern.

**Elliptische Zwerggalaxie Leo 1**
Mit weniger als 1000 Lichtjahren Durchmesser und einer Entfernung von nur 750.000 Lichtjahren gehört diese zu den zehn erdnächsten Galaxien.

## Die Klassifizierung der Galaxien

»E« steht für eine elliptische Galaxie, »S« für eine Spiralgalaxie. Einer elliptischen Galaxie gibt man noch eine Zahl. Beispielsweise heißt »E0« kugelförmig, »E2« zitronenförmig und »E7« ist die Form einer kurzen, aber dicken Zigarre.

Die Bezeichnungen für Spiralgalaxien sind »Sa« für eng gewundene Arme, »Sb« und »Sc« für offene Arme. Die Arme mancher Spiralen scheinen von den Balkenenden im Zentrum der Galaxie auszugehen. Ihre Bezeichnung ist »SB«.

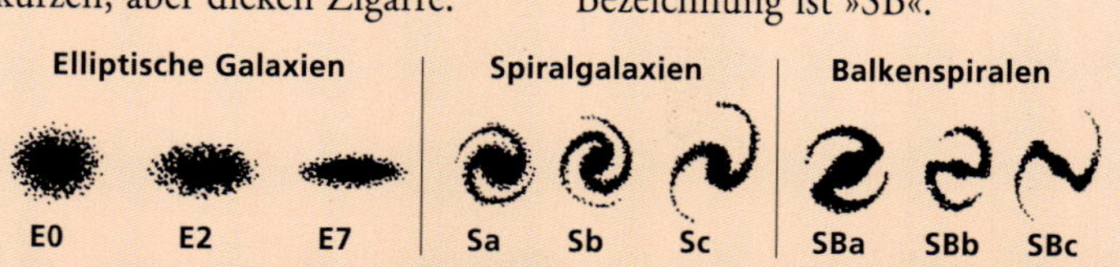

**Spiralgalaxie M65**
Hier sieht man von der Seite auf eine normale Spiralgalaxie. Man kann die dichten Staubwolken, die in die Spiralarme eingelagert sind, als dunklen Streifen quer über der Scheibe erkennen.

**Elliptische Galaxie M87**
Diese riesige elliptische Galaxie vom Typ E0 hat eine Masse von mehreren Billionen Sonnen.

**Irreguläre Galaxie NGC 1313**
Vor kurzem kam es hier zu einer Flut von Sternentstehungen, was zur Zerstörung der normalen Spiralstruktur in dieser Galaxie führte.

# Zusammenstoßende Galaxien

In den dichten Regionen großer Galaxienhaufen können sich einzelne Galaxien im Laufe von Jahrmillionen nahe genug kommen, um zusammenzustoßen. Die Gravitationskräfte beider Galaxien verformen die Scheiben und Spiralarme und können bewirken, dass lange Ströme von Sternen in den Weltraum wegfliegen. Es ist unwahrscheinlich, dass Sterne dabei frontal zusammenstoßen, weil die Sterne winzig klein sind im Vergleich zu den riesigen Entfernungen zwischen ihnen. Die Kollision von Gaswolken kann zu einer raschen Neubildung von Sternen führen.

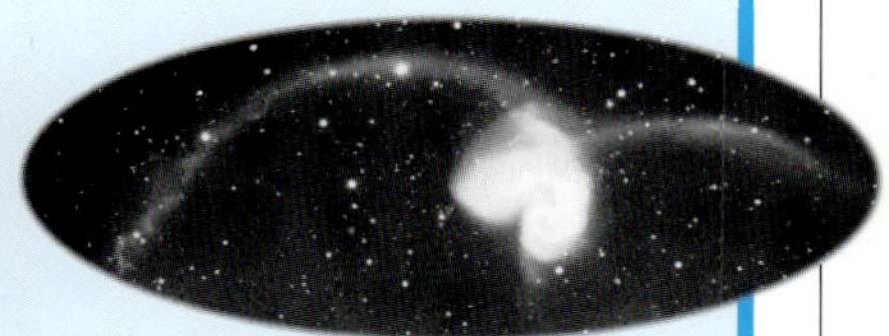

**Antennengalaxien**
Diese beiden Galaxien durchdringen sich gegenseitig. Aus ihnen strömen zwei lange Sternenschweife heraus, die wie die »Antennen« eines Insekts aussehen.

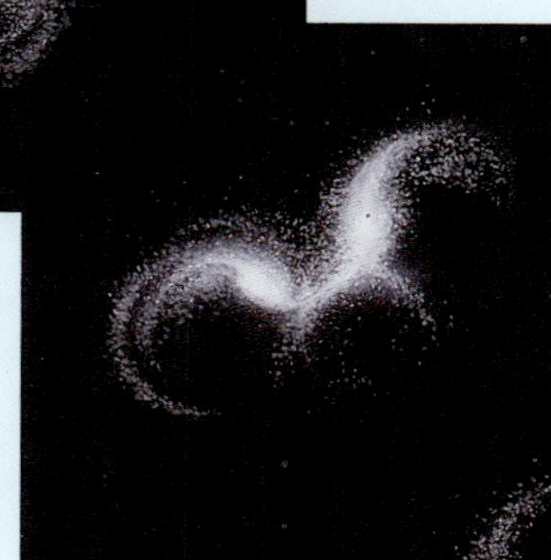

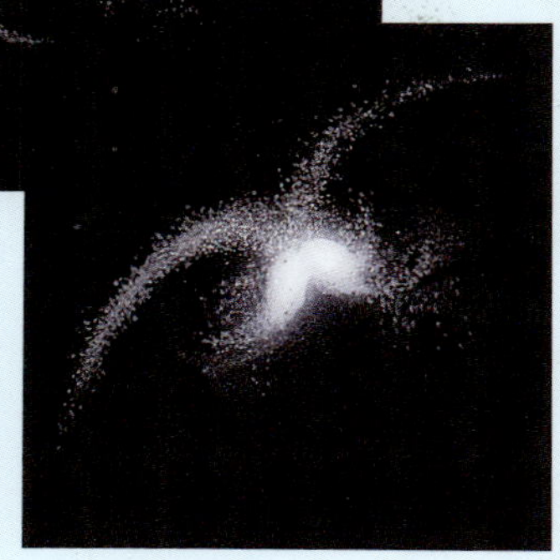

**Zusammenstoß**
Von oben nach unten zeigt diese Bildserie, wie sich Sternenströme bilden könnten, wenn zwei Galaxien verschmelzen, so wie es bei der Antennengalaxie passierte *(Foto oben rechts)*. Da Galaxien keine starren Körper sind, werden sie durch ihre Gravitationskräfte gegenseitig gekrümmt und verbogen. Die Sterne der einzelnen Galaxien werden auf neue Bahnen geworfen.

**Wagenradgalaxie**
Die kleine Galaxie rechts durchdrang die nun ringförmige Galaxie auf der linken Seite. Die Schockwelle des Zusammenstoßes löste ringsum eine Flut von Sternentstehungen aus.

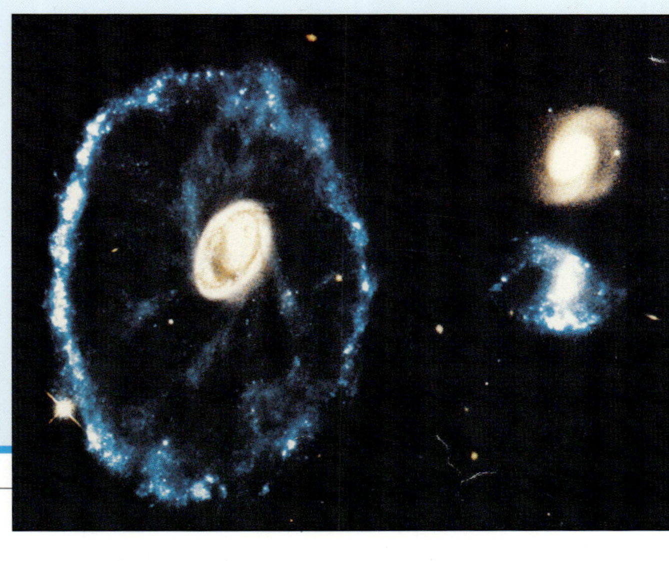

# Aktive Galaxien

Das Licht normaler Galaxien, das zu uns kommt, stammt meistens von ihren Sternen. Jedoch verfügen einige Galaxien über eine andere Art der Lichterzeugung, was sie strahlend hell macht. Man nennt sie aktive Galaxien. Sie erzeugen unglaubliche Mengen an Energie in ihren Zentren, wo wahrscheinlich riesige Schwarze Löcher für die Energieversorgung verantwortlich sind.

Quasare heißen die Kerne der hellsten aktiven Galaxien. Sie sind die energiereichsten Objekte im Universum. Da Galaxien mit Quasaren in ihrem Inneren viele 100-mal heller sind als gewöhnliche Galaxien, kann man sie in viel größeren Entfernungen sehen.

Radiogalaxien lenken einen großen Teil ihrer zusätzlichen Energie in riesige Wolken, die starke Radiostrahlung aussenden.

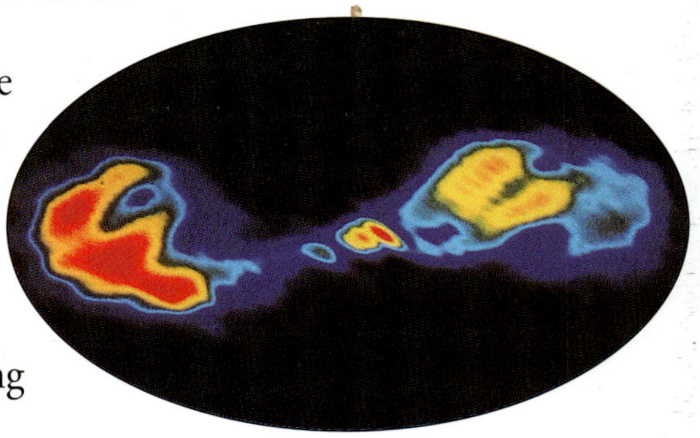

**Cygnus A**
Zwei gigantische Materiewolken auf beiden Seiten der Galaxie Cygnus A senden Radiostrahlung aus. Die Wolken erstrecken sich über einen Raum von einer Million Lichtjahre. Cygnus A erzeugt eine Million Mal mehr Radiostrahlung als die Milchstraße.

**Radioteleskope**
Dies ist eine Parabolantenne des Very Large Arrays – einem System aus 27 Radioteleskopen auf einem Gelände in New Mexico. Jede Antenne hat 25 m Durchmesser, zusammengeschaltet sammeln alle Antennen so viel Informationen wie eine Parabolschüssel mit mehreren Kilometern Durchmesser. Mithilfe von zusammengeschalteten Radioteleskopen können die Astronomen ins Innere von aktiven Galaxien blicken.

## Radiogalaxien

Astronomen fanden erstmals vor etwa 50 Jahren aktive Galaxien, als sie begannen, nach verschiedenen Energieformen zu forschen. Sie entdeckten, dass einige weit entfernte Galaxien weit mehr Energie in Form von Radiowellen abstrahlten als in Form des sichtbaren Lichts. Aktive Galaxien dieser Art nennt man Radiogalaxien.

Eine charakteristische Radiogalaxie besitzt zwei riesige Wolken aus Materie, die weit außerhalb der eigentlichen Galaxie liegt. Die Wolken sehen aus, als wären sie nach beiden Seiten der Galaxie abgestoßen worden. Die überwiegende Radiostrahlung stammt aus diesen Wolken und nicht von der Galaxie selbst.

## Quasare

Vor 30 Jahren entdeckten die Astronomen Quasare. Viele, aber nicht alle Quasare senden Radiostrahlung aus. In einem Fernrohr sieht ein Quasar aus wie ein hell leuchtender Stern, aber in Wirklichkeit handelt es sich um den Kern einer Galaxie, die mindestens 100-mal heller ist als eine normale Galaxie. Die Galaxie um den Quasar herum ist normalerweise zu lichtschwach, um gesehen werden zu können. All das helle Licht stammt aus dem Quasar in ihrem Zentrum. Auf Bildern von Quasaren und Radiogalaxien sieht man manchmal zwei helle, schmale Jets aus Licht und Energie aus beiden Seiten der Zentralregion austreten.

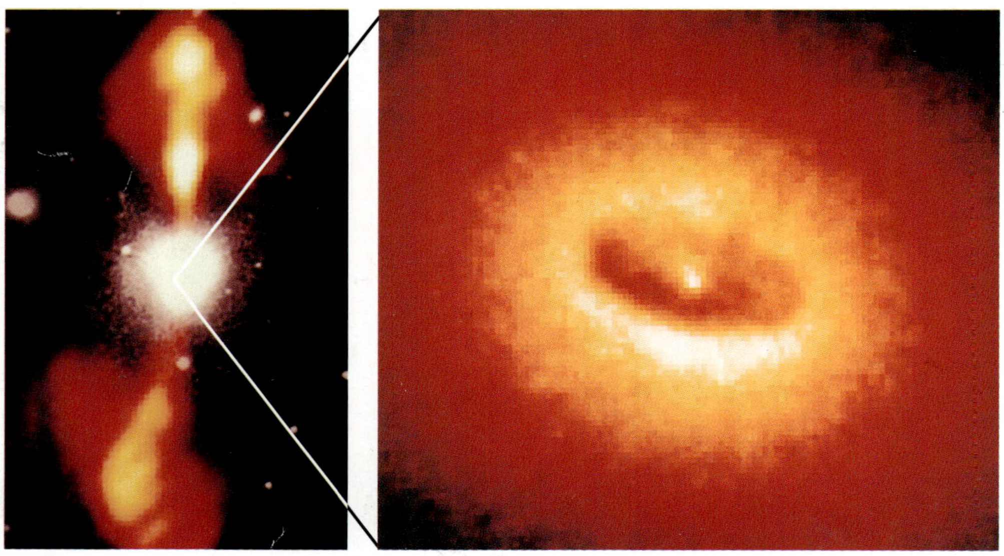

**Radiogalaxie NGC 4261**
Die langen, farbigen Kleckse auf beiden Seiten der Galaxie NGC 4261 *(ganz links)* zeigen, wo die Jets aus dem Galaxienzentrum enorme Energiemengen in Form von Radiowellen abgeben. Sehr nahe am Zentrum *(links)* wirbelt eine dunkle Gasscheibe von 300 Lichtjahren Durchmesser um den hellen Kern. Diese Nahaufnahme vom Hubble-Weltraumteleskop zeigt, dass dort ein Schwarzes Loch mit mehreren Millionen Sonnenmassen verborgen liegt.

### Das gewaltige Zentrum

Aktive Galaxien erzeugen weit mehr Energie, als deren Sterne dies könnten. Bei vielen aktiven Galaxien wird Materie mit unglaublicher Geschwindigkeit um die Zentralregion gewirbelt. In einigen Fällen können wir auch eine um den Kern rotierende diskusförmige Scheibe aus heißem Gas erkennen. Man nimmt an, dass aktive Galaxien ein riesiges Schwarzes Loch enthalten. Das Schwarze Loch sitzt im Galaxienzentrum und saugt alle Arten von Materie auf, auch Sterne und Gas. Während die Materie ins Schwarze Loch stürzt, wird ein Teil davon in eine um das Schwarze Loch rotierende Scheibe gelenkt. Etwas Materie wird zurückgeschleudert, bevor sie das Schwarze Loch erreicht, und erzeugt die hellen Jets ober- und unterhalb der Scheibe.

Das zentrale Schwarze Loch zieht durch seine Schwerkraft Materie an. Wenn Sterne und Gas »kopfüber« in das schwarze Loch stürzen, werden enorme Energiemengen freigesetzt. In den größten Galaxien ist das Schwarze Loch auf ein paar Milliarden Sonnenmassen angewachsen.

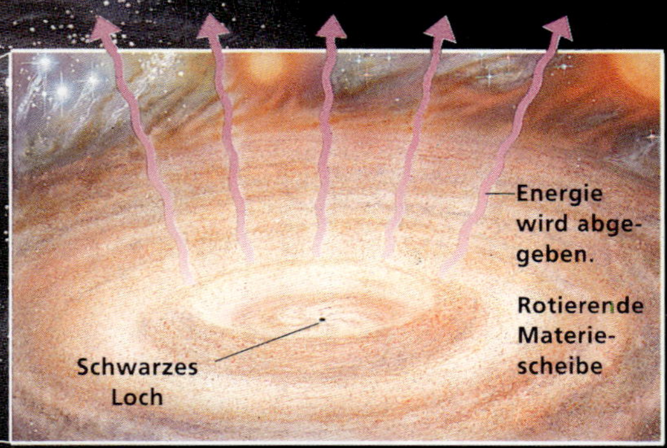


## Was ist ein Schwarzes Loch?

Ein Schwarzes Loch ist ein Gebiet im Weltraum, wo eine solch große Schwerkraft herrscht, dass nichts dieser entweichen kann, nicht einmal das Licht, das sich mit 300.000 km pro Sekunde bewegt. Im Vergleich dazu kannst du der Gravitationskraft der Erde entkommen, wenn du mit einer Geschwindigkeit von 11 km pro Sekunde hochspringen würdest. Da die Anziehungskraft der Sonne 30-mal stärker ist als die der Erde, liegt die Fluchtgeschwindigkeit bei 618 km pro Sekunde. Aus einem Schwarzen Loch entweicht kein Licht, darum erscheint es schwarz.

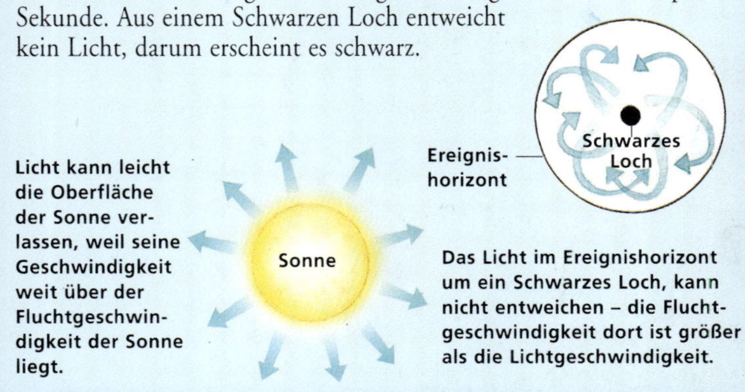


**Eine typische aktive Galaxie**
Die Gesamtgröße einer aktiven Galaxie mag vielleicht 100.000 Lichtjahre oder mehr im Durchmesser sein. Jedoch wird der Großteil ihrer Energie in einer Zentralregion von nur einigen hundert Lichtjahren oder weniger erzeugt, wo eine rotierende Scheibe aus heißem Gas ins Schwarze Loch fällt *(siehe oben rechts)*.

**Jets strömen ins Weltall**
Ein Teil des Gases, das um das Schwarze Loch in der Mitte einer aktiven Galaxie wirbelt, wird herausgeschleudert und bildet Gasströme von hoher Geschwindigkeit, so genannte Jets. Sie erzeugen die Radiowolken, die man bei Radiogalaxien und einigen Quasaren entdeckte.

# Die Milchstraße

Unsere Heimat im Universum ist die Milchstraße, eine Ansammlung aus 100 Milliarden Sternen und riesigen Wolken aus Gas und Staub. Wenn wir auf unsere Galaxie, die wir auch als Galaxis bezeichnen, blicken könnten, würden wir erkennen, dass sie eine Spiralgalaxie ist. Die Galaxis bildete sich vor etwa 14 Milliarden Jahren aus einem gigantischen, sich langsam drehenden Gasball. Die Gravitationskraft zog das Gas nach innen, sodass die Kugel zu einer dünnen Scheibe mit einer Verdickung in der Mitte zusammenfiel. Im Inneren der Galaxis befindet sich ein Schwarzes Loch.

**Interstellare Materie**
Die so genannte interstellare Materie, Staub- und Gaswolken zwischen den Sternen, bildet den Pferdekopfnebel und seine Umgebung. Der dunkle Pferdekopf besteht hauptsächlich aus winzigen Teilchen (ähnlich Ruß und Staub) und ist Teil einer viel größeren Dunkelwolke. Das rote und blaue Licht hinter der dunklen Silhouette stammt von leuchtendem Gas.

## Eine Spiralgalaxie

Wir können nicht zum Zentrum unserer Galaxie blicken, weil dazwischen Staub ist. Radiowellen jedoch durchdringen Staub und zeigen, dass die Milchstraße genau wie jede andere riesige Spiralgalaxie aussieht: mit einer zentralen Verdickung und gewundenen Armen, wo sich Gaswolken und junge Sterne befinden. Einige Sterne liegen in einer riesigen Kugel, dem so genannten Halo, um die Galaxie herum. Sie waren schon da, bevor die Galaxie zu einer Scheibe zusammenfiel.

Von einer Zentralregion mit weniger als zehn Lichtjahren Durchmesser strömt so viel Radio- und Wärmestrahlung aus, wie 80 Millionen Sonnen abgeben würden. Erstaunlicherweise ist diese Zentralregion nicht größer als die Umlaufbahn des Jupiters um die Sonne. Ein Schwarzes Loch mit millionenfacher Sonnenmasse liegt im Kern, saugt Materie an und erzeugt Energie.

Die Milchstraße ist größer als der Teil, den wir sehen können. Ihre Sterne bewegen sich so, als ob sie von etwas angezogen werden. Es scheint ein hoher Anteil unsichtbarer Materie zu existieren, der die Galaxie umgibt. Manche Astronomen halten diese Dunkelmaterie für Sternenleichen.

**Von außen betrachtet**
Die Milchstraße sieht aus wie eine flache Diskusscheibe mit einem dicken Bauch in der Mitte. Aus der zentralen Verdickung gehen Spiralarme aus Gas, Staub und jungen Sternen hervor. Die Galaxie besteht aus Milliarden von Sternen. Die Sonne liegt knapp außerhalb der halben Strecke zwischen Zentrum und Rand der Scheibe. Die Galaxie rotiert und die Sonne braucht für einen Umlauf 220 Millionen Jahre.

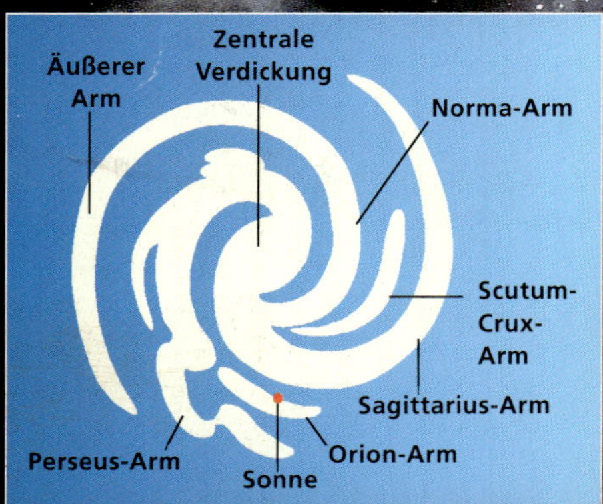

▷ **Im Profil**
Diese Seitenansicht der Milchstraße zeigt die zentrale Verdickung und die Scheibe mit einer in der Mitte durchgehenden Staubschicht. In einem kugelförmigen Halo um die ganze Galaxie befinden sich ca. 200 Kugelsternhaufen. Diese Haufen bestehen aus den ersten Sternen, die sich in der Galaxie bildeten. Durch ihre Positionen weiß man, dass die Galaxie ursprünglich Kugelform hatte.

## Die Milchstraße im Querschnitt

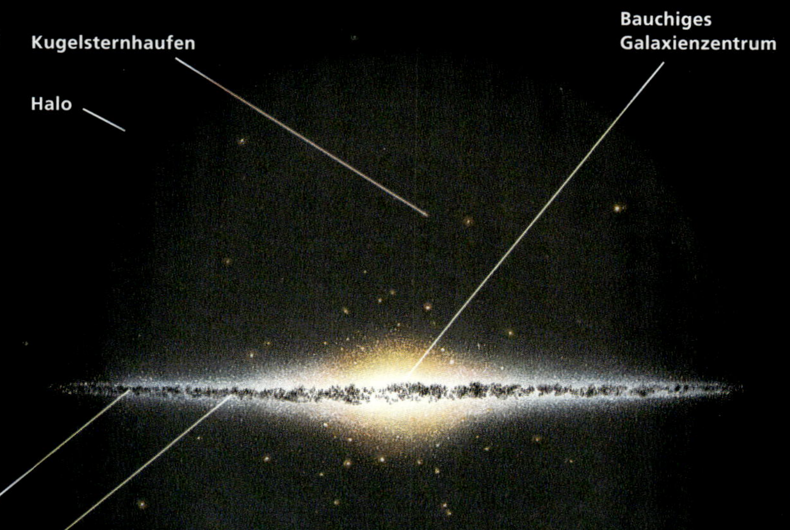

**Kugelsternhaufen**
Omega Centauri ist ein Kugelsternhaufen mit 600 Lichtjahren Durchmesser. Er enthält Hunderttausende der ältesten Sterne der Galaxis.

**Das Zentrum unserer Galaxie am Nachthimmel**
Wenn wir zum Milchstraßenzentrum blicken, das in Richtung des Sternbilds Schütze liegt, sehen wir eine sehr viel größere Sternendichte als irgendwo sonst am Himmel. Die dunklen Gebiete mit weniger Sternen sind Wolken aus dunklem Staub, die das Licht der dahinter liegenden Sterne verfinstern.

### DIE MILCHSTRASSE IN ZAHLEN

**Größe der Milchstraße:**
100.000 Lichtjahre Durchmesser

**Entfernung der Sonne vom galaktischen Zentrum:**
28.000 Lichtjahre

**Dicke der Scheibe:**
1000 Lichtjahre

**Zentrale Verdickung:**
10.000 Lichtjahre dick,
15.000 Lichtjahre Durchmesser

**Anzahl der Sterne:**
100 Milliarden

**Umlaufzeit der Sonne um das Zentrum der Galaxis:** 220 Millionen Jahre

# Die *Sterne*

*Ein Stern ist eine riesige Kugel aus heißem Gas, die von innen durch Kernenergie aufgeheizt wird. Viele Sterne sind der Sonne ähnlich, aber es gibt auch Riesen, die so groß sind wie das ganze Sonnensystem, und Zwerge von der Größe der Erde.*

Das Foto *(links)* zeigt zwei Sternhaufen, wovon jeder Tausende von Sternen enthält.

## Die Sonne

Die Sonne ist der Stern des Sonnensystems. Sie gibt der Erde zum Leben notwendige Wärme und Licht. Weil die Sonne nur 150 Millionen km entfernt ist, können die Astronomen weit mehr über sie herausfinden als über jeden anderen Stern. Wir wissen, dass sie wie ein kochender Kessel ist, der an der Oberfläche gewaltige Energiemengen in den Weltraum ausstößt. Sie besitzt ein starkes Magnetfeld, das bestimmte Erscheinungen verursacht wie Flares und Sonnenflecken. Mit Spezialfernrohren und Observatorien im Weltraum wird die Sonne untersucht, um festzustellen, inwieweit sich Veränderungen auf die Erde auswirken.

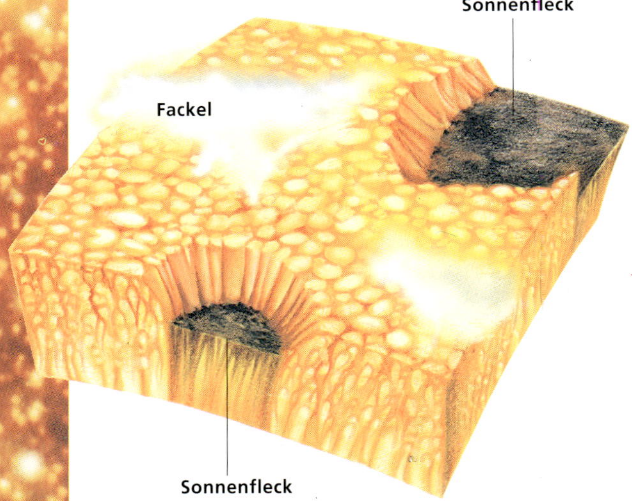


△ **Flecken auf der Sonne**
Sonnenflecken sind dunkel erscheinende Gebiete, wo das Sonnenmagnetfeld an der Oberfläche besonders stark ist und diese abkühlt. Ein Sonnenfleck kann ein Gebiet umfassen, das sehr viel größer ist als die Erde. Die Zahl der Sonnenflecken ändert sich in Zyklen von etwa elf Jahren enorm. Manchmal kann man in ihrer Nähe ein besonders helles und heißes Gebiet, eine sogenannte Fackel, beobachten.

▽ **Protuberanzen**
Die so genannten Protuberanzen, Zungen oder Bögen aus heißem Gas, kann man häufig an der Sonnenoberfläche sehen. Einige bleiben für viele Wochen bestehen. Andere schießen schnell in die Höhe und bleiben nur ein paar Stunden erhalten. Sie können sich über mehrere hunderttausend Kilometer erstrecken.

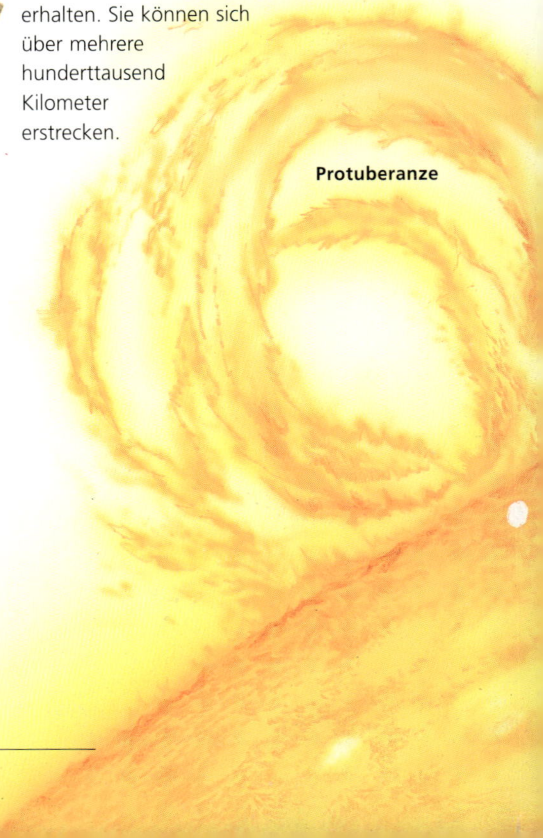

## Wärme und Licht

Die Oberfläche der Sonne heißt Photosphäre und ihre Temperatur liegt bei etwa 5500 °C. Über der Oberfläche liegt eine heißere Atmosphärenschicht, die Chromosphäre, mit einer Temperatur von 15.000 °C. Die äußerste Atmosphärenschicht wird Korona genannt. Sie erstreckt sich über Millionen von Kilometern und die Temperatur in der Nähe der Sonne beträgt eine Million °C. Gase aus der Korona strömen mit einer Geschwindigkeit von 800 Stundenkilometern als Sonnenwind ins All.

Wie alle Sterne erzeugt auch die Sonne Energie durch Kernfusion. In ihrem Zentrum beträgt die Temperatur 15 Millionen °C. Bei dieser Temperatur reagieren die Gaspartikel der Sonne miteinander und Wasserstoff wird in Helium und Energie umgewandelt. Dabei verliert die Sonne ständig Masse. Tatsächlich wird die Sonne pro Sekunde vier Millionen Tonnen leichter! Aber sie hat seit fünf Milliarden Jahren erst die Hälfte ihres Wasserstoffvorrats verbraucht.

Viele Veränderungen auf der Sonne haben mit ihrem Magnetfeld zu tun. Da die Sonne aus Gas besteht, rotiert sie am Äquator schneller als an ihren Polen. Das Magnetfeld streckt und windet sich in der Gasmaterie um die Sonne wie ein Gummiband. Wenn es sich nicht weiter ausdehnen kann, wird der Magnetismus unterbrochen und Energie freigesetzt, die wir als Sonnenaktivität bezeichnen.

## Raumschiff *SOHO*

Das Solar- und Heliosphären-Observatorium (SOHO) startete Ende 1995 mit 12 Instrumenten an Bord. Es umkreist die Sonne auf einer Bahn, die 1,5 Millionen km näher an der Sonne liegt als die Erdbahn, aber in einer bestimmten Position, wo die Entfernung zur Erde annähernd konstant bleibt. SOHO wurde dafür konzipiert, dass es den Sonnenwind und die Sonnenatmosphäre untersucht. Es kann auch Bewegungen an der Sonnenoberfläche erkennen.

◁ **Die Sonne** Dies ist eine Ultraviolettaufnahme von der Sonne, mit einer Spezialkamera von SOHO *(rechts)* aufgenommen.

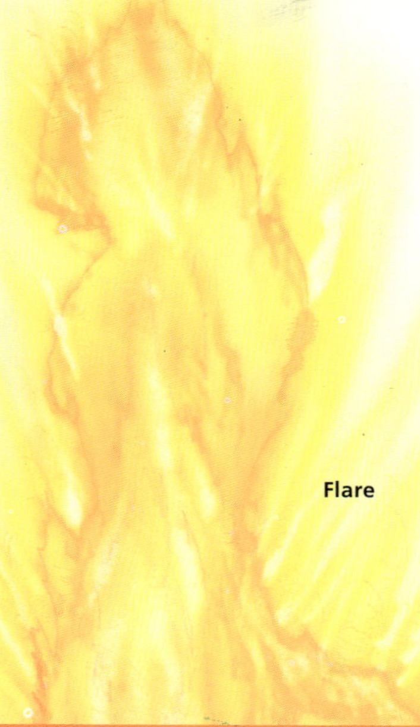


▽ **Aktive Oberfläche** Flares sind Explosionen auf der Sonnenoberfläche, wobei Teilchen ins All geschleudert werden. Sie können eine Fläche einnehmen, die größer als die Erde ist. Kleinere nadelförmige Spiculen halten sich ein paar Minuten und sind Tausende von Kilometern hoch. Das Brodeln auf der Oberfläche verleiht der Sonne ein fleckiges Muster, das man Granulation nennt.

◁ **Lichter am Himmel** Von der Sonne ausgestoßenes Material weht zur Erde und verursacht leuchtende Gase in der oberen Erdatmosphäre, vor allem in der Nähe der Pole. Wir nennen diese Erscheinung Aurora oder Polarlicht.

### DIE SONNE IN ZAHLEN

- **Masse (die Menge enthaltener Materie):** 333.000 Erdmassen
- **Radius:** 696.000 km; 109 Erdradien
- **Oberflächentemperatur:** 5500 °C
- **Temperatur im Inneren:** 15 Millionen °C
- **Zusammensetzung:** 70 % Wasserstoff, 28 % Helium, 2 % andere Stoffe
- **Alter:** 5 Milliarden Jahre

**WARNUNG:** Die Sonne ist extrem hell. Du darfst niemals direkt in sie blicken, auch nicht mit einer Sonnenbrille, sonst bekommst du ernsthafte Augenschäden. Auch ein Fernglas oder Teleskop sollst du nicht auf die Sonne richten.

**Die Plejaden**
Die Sterne in diesem hellen Haufen sind erst 50 Millionen Jahre alt. Auf der Erde waren schon die Dinosaurier ausgestorben, als sie zum ersten Mal am Himmel aufleuchteten. Die Plejaden, die auch Siebengestirn genannt werden, kann man leicht mit bloßem Auge im Sternbild Stier sehen.

# Geburt der Sterne

Die ältesten Sterne in unserer Galaxie entstanden vor etwa 14 Milliarden Jahren. Aber seither bilden sich immer wieder neue Sterne. Sterne werden in riesigen, dunklen Wolken aus kaltem Gas und Staub geboren. Die Gravitationskraft verdichtet Gaswolken und löst damit die Sternentstehung aus. Zuerst bleiben die neu gebildeten Sterne hinter einem Mantel aus Staub verborgen. Wir wissen nur durch das ausgesandte Infrarotlicht, das man mit speziellen Teleskopen empfangen kann, dass dort junge Sterne stehen. Aber dann durchbricht ihre Strahlung die Dunkelheit und erhellt das restliche Gas um sie herum in leuchtenden Farben. Der Orionnebel ist die nächstgelegene Wolke, wo wir all dies sehen können.

## Sternentstehung im Orionnebel

**Orion am Nachthimmel**
Das Sternbild Orion, der Himmelsjäger, ist eine der hellsten und bekanntesten Formationen am Himmel (1). Unterhalb der drei Gürtelsterne liegt ein Nebelfleckchen, das man in einer sehr klaren, dunklen Nacht sogar ohne Fernrohr sehen kann. Diese leuchtende Gaswolke heißt Orionnebel (2).

1

### Die Orionwolke

Der Orionnebel ist ein kleiner Teil der riesigen dunklen Orionwolke. Wenn diese Wolke am Himmel sichtbar wäre, würden wir sehen, dass sie sich fast über das gesamte Sternbild Orion ausdehnt. Astronomen können nur aufgrund der ausgesandten unsichtbaren Strahlung die Existenz der Wolke beweisen. Die Orionwolke ist etwa 1300 Lichtjahre entfernt und hat einen Durchmesser von 100 Lichtjahren.

Eine Welle der Sternentstehung ging durch die Orionwolke während der letzten 12 Millionen Jahre, zurück blieb eine Reihe von Sternhaufen. Wenn sich neue Sterne gebildet haben und hell leuchten, wird durch die Strahlung Gas

2

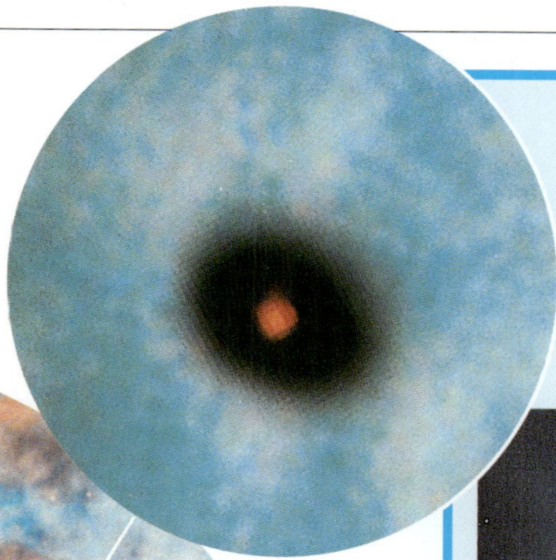

4

# Kinderstube der Sterne

Sterne bilden sich meist in Haufen. Ein Haufen kann nur einige wenige, aber auch mehrere hundert Sterne enthalten. Nachdem sich die Sterne gebildet haben, kann durch ihre Anwesenheit eine neue Welle der Sternentstehung in der Nähe ausgelöst werden. Im Laufe der Zeit driften die Sterne auseinander. Alle Sterne, die jetzt in unserer Galaxie verteilt sind, waren einst in Haufen vereint.

**1. Ein Haufen leuchtender junger Sterne ist gerade aus der dunklen Gas- und Staubwolke aufgetaucht.**

**2. Heißes Gas aus den jungen Sternen regt die Bildung weiterer Sterne im Inneren der nahe gelegenen Wolke an.**

**3. Der erste Haufen wandert nach außen. Der zweite Haufen taucht auf und löst die Bildung eines weiteren Haufens aus.**

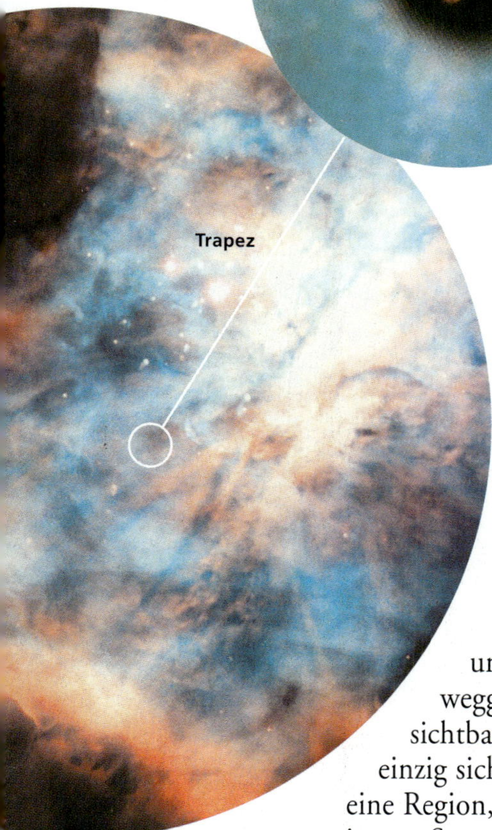


3

**Im Inneren des Orionnebels**
Der Orionnebel leuchtet aufgrund von vier jungen heißen Sternen im Inneren, dem so genannten Trapez (3). Sie sind erst 100.000 Jahre alt. In der Nähe werden weitere Sterne geboren. Das Hubble-Weltraumteleskop hat scheibenförmige Gas- und Staubwolken um diese neu entstandenen Sterne gefunden (4). Die Astronomen vermuten, dass sich aus der Materie dieser Scheiben Planeten bilden werden.

und Staub in ihrer Umgebung weggeblasen und ihr Licht sichtbar. Der Orionnebel – der einzig sichtbare Teil der Wolke – ist eine Region, wo eine Gruppe sehr heißer junger Sterne eine Blase in der Dunkelwolke gebildet hat. Diese Sterne geben starke Ultraviolettstrahlung ab, die die Innenseite der Hülle zum Leuchten anregt. Da die Blase nahe am Rand der Wolke liegt, brach sie nach außen auf. So können wir nun die Sterne im Inneren und die helle innere Oberfläche der Wolke sehen.

Die Orionwolke ist die größte und bekannteste Wolke in unserer Galaxis.

## Die Sternbildung

Zur ersten Stufe der Sternentstehung kommt es, wenn die Schwerkraft Gasmassen zusammenzieht. Während sich die Gaspartikel in einer Kugel sammeln, werden sie immer dichter zusammengepackt, was zur Aufheizung führt. Dabei kann die Temperatur innen so hoch werden – bis zu mehreren Millionen Grad –, dass Kernreaktionen zünden können und der Stern ist geboren. Dies kann nur ablaufen, wenn der Stern genügend Ausgangsmaterie enthält. Bei etwas weniger als einem Zwanzigstel der Sonnenmasse wird die Gaswolke zwar warm, aber nicht heiß genug, um Kernreaktionen zu starten. Sie leuchtet schwach und kühlt dann ab. Kleine Sterne, die nicht zum Leuchten kommen, werden Braune Zwerge genannt.

Bei der Sternentstehung bildet sich eine Gas- und Staubscheibe um den Stern. Die Materie in dieser Scheibe kann sich zusammenballen und Planeten oder Braune Zwerge bilden. Manchmal bläst ein starker Gasstrom des Sterns alle noch vorhandene Materie fort.

**Der Adlernebel**
Gaswolken mit neu entstehenden Sternen in ihrem Inneren brechen hinter diesen Säulen aus kaltem Gas und Staub hervor. Dies ist ein Teil des Adlernebels, einer weiteren Wolke in unserer Galaxie, in der Sterne entstehen. Das Bild zeigt ein Gebiet von einem Lichtjahr Durchmesser.

# Riesen- und Zwergsterne

Es gibt Sterne unterschiedlicher Größe und Helligkeit. Kleinere Sterne werden Zwerge genannt. Bei größeren Sternen spricht man von Riesen und die allergrößten nennt man Überriesen. Die Sonne ist 20-mal größer als ein Weißer Zwergstern, Überriesen haben die Größe von mehreren hundert Sonnen. 1000 Zwerge leuchten zusammen nur so stark wie die Sonne, aber es gibt auch Überriesen, die so hell sind wie eine Million Sonnen. Die Sterne besitzen auch verschiedene Farben. Unsere Sonne ist ein Beispiel für einen gelben Stern, aber man kann auch Sterne finden, die orange oder rein weiß aussehen. Tatsächlich reicht die Farbpalette der Sterne von blau bis rot.

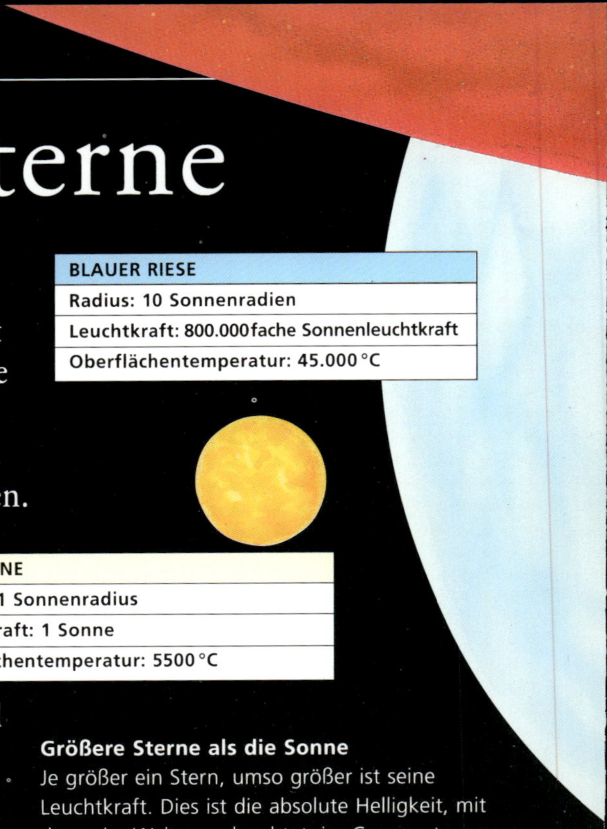

| BLAUER RIESE |
|---|
| Radius: 10 Sonnenradien |
| Leuchtkraft: 800.000fache Sonnenleuchtkraft |
| Oberflächentemperatur: 45.000 °C |

| DIE SONNE |
|---|
| Radius: 1 Sonnenradius |
| Leuchtkraft: 1 Sonne |
| Oberflächentemperatur: 5500 °C |

**Einteilung der Sterne**

Die Sterne werden entsprechend ihrer Farbe und Größe klassifiziert .

Die Farbe verrät ihre Temperatur. Wenn ein Stück Metall erhitzt wird, glüht es zunächst schwach rötlich, dann wird es leuchtend orange, schließlich gelb und eventuell sogar bläulich-weiß. Genauso verhält es sich mit dem Gas an der Oberfläche eines Sterns. Rote Sterne sind am kühlsten, die bläulichen am heißesten. Die Temperatur unserer gelben Sonne liegt dazwischen.

Auch die Größe eines Sterns ist wichtig. Unsere Sonne ist ein durchschnittlicher Stern und klein im Vergleich mit Sternen, die 10- bis 100-mal größer sind. Aber es gibt einige Sterne, die wahrlich nur Mini-Zwerge sind, wenn man sie neben die Sonne stellt. Manchmal sind die Gaskugeln im Weltall so klein, dass sie überhaupt nie richtige Sterne werden *(siehe S. 21)*. Astronomen nennen sie Braune Zwerge. Weiße Zwerge sind alte, sterbende Sterne, die ihren gesamten Brennstoff aufgebraucht haben. In einem Weißen Zwerg ist die gleiche Menge Materie wie in der Sonne enthalten, aber auf eine Kugel in Erdgröße zusammengepresst.

**Größere Sterne als die Sonne**

Je größer ein Stern, umso größer ist seine Leuchtkraft. Dies ist die absolute Helligkeit, mit der er im Weltraum leuchtet, im Gegensatz zur scheinbaren Helligkeit, unter der er erscheint, wenn wir ihn von der Erde aus beobachten. Ein Riese oder Überriese gibt mehr Licht ab als die Sonne, da seine leuchtende Oberfläche so viel größer ist als die der Sonne. Viele der hellsten Sterne am Himmel sind Riesen oder Überriesen.

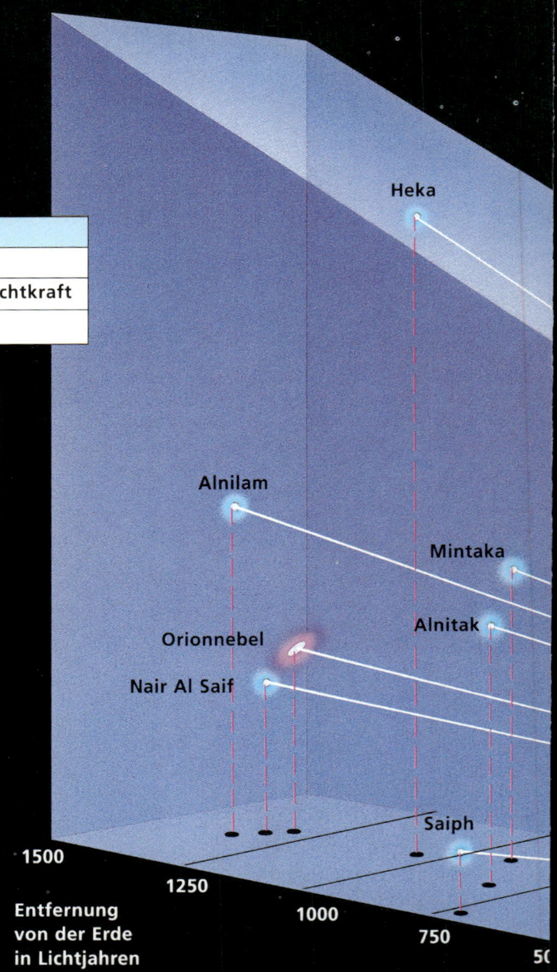


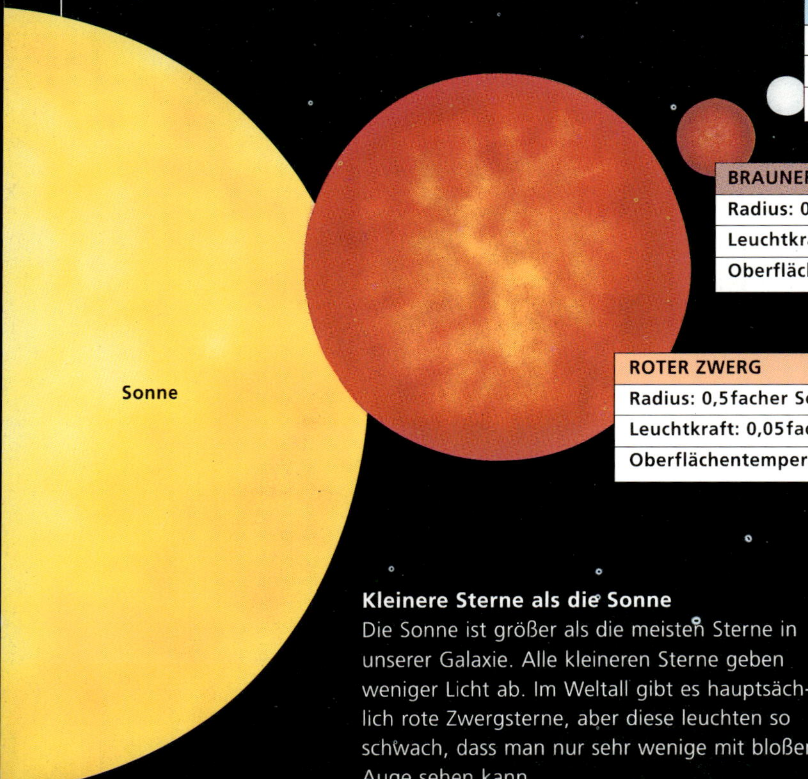


| WEISSE ZWERGE |
|---|
| Radius: 0,02facher Sonnenradius |
| Leuchtkraft: 0,005fache Sonnenleuchtkraft |
| Oberflächentemperatur: 25.000 °C |

| BRAUNER ZWERG |
|---|
| Radius: 0,1facher Sonnenradius |
| Leuchtkraft: 0,00001fache Sonnenleuchtkr. |
| Oberflächentemperatur: 720 °C |

| ROTER ZWERG |
|---|
| Radius: 0,5facher Sonnenradius |
| Leuchtkraft: 0,05fache Sonnenleuchtkraft |
| Oberflächentemperatur: 3300 °C |

**Kleinere Sterne als die Sonne**

Die Sonne ist größer als die meisten Sterne in unserer Galaxie. Alle kleineren Sterne geben weniger Licht ab. Im Weltall gibt es hauptsächlich rote Zwergsterne, aber diese leuchten so schwach, dass man nur sehr wenige mit bloßem Auge sehen kann.

| ROTER ÜBERRIESE |
| --- |
| Radius: 500 Sonnenradien |
| Leuchtkraft: 40.000fache Sonnenleuchtkraft |
| Oberflächentemperatur: 3400 °C |

## Riesensterne

Wenn genügend Materie, 50 bis 100 Sonnenmassen, sich zu einem einzigen Stern verdichtet, wird dieser zu einem Riesen, 10-15-mal größer als die Sonne. Dieser sehr junge heiße Stern wird Blauer Riese genannt. Die Temperatur in seiner Oberflächenschicht kann bis zu 52.000 °C betragen und er erscheint bläulich-weiß.

Rote Riesensterne und noch gewaltigere Überriesen sind alte Sterne. Sie waren einst viel kleiner und blähten sich auf, als ihr Wasserstoffvorrat zur Neige ging *(siehe S. 28)*. Rote Riesen sind viel kühler als blaue, weil ihre Energie über ein viel größeres Gebiet verteilt ist. Ihre Oberflächenschichten sind nur 3000 bis 4000 °C heiß.

**Nahe und ferne Sterne**
Manche Sterne sind viel weiter entfernt als andere. Die Sterne, die einen Großteil der bekannten Sternbilder am Nachthimmel ausmachen, sind nicht notwendigerweise im Weltraum nahe beisammen. Sie stehen von der Erde aus betrachtet nur zufällig in der ungefähr gleichen Richtung. Die Zeichnung unten zeigt die sehr unterschiedlichen Entfernungen der Sterne, die das bekannte Sternbild Orion bilden.

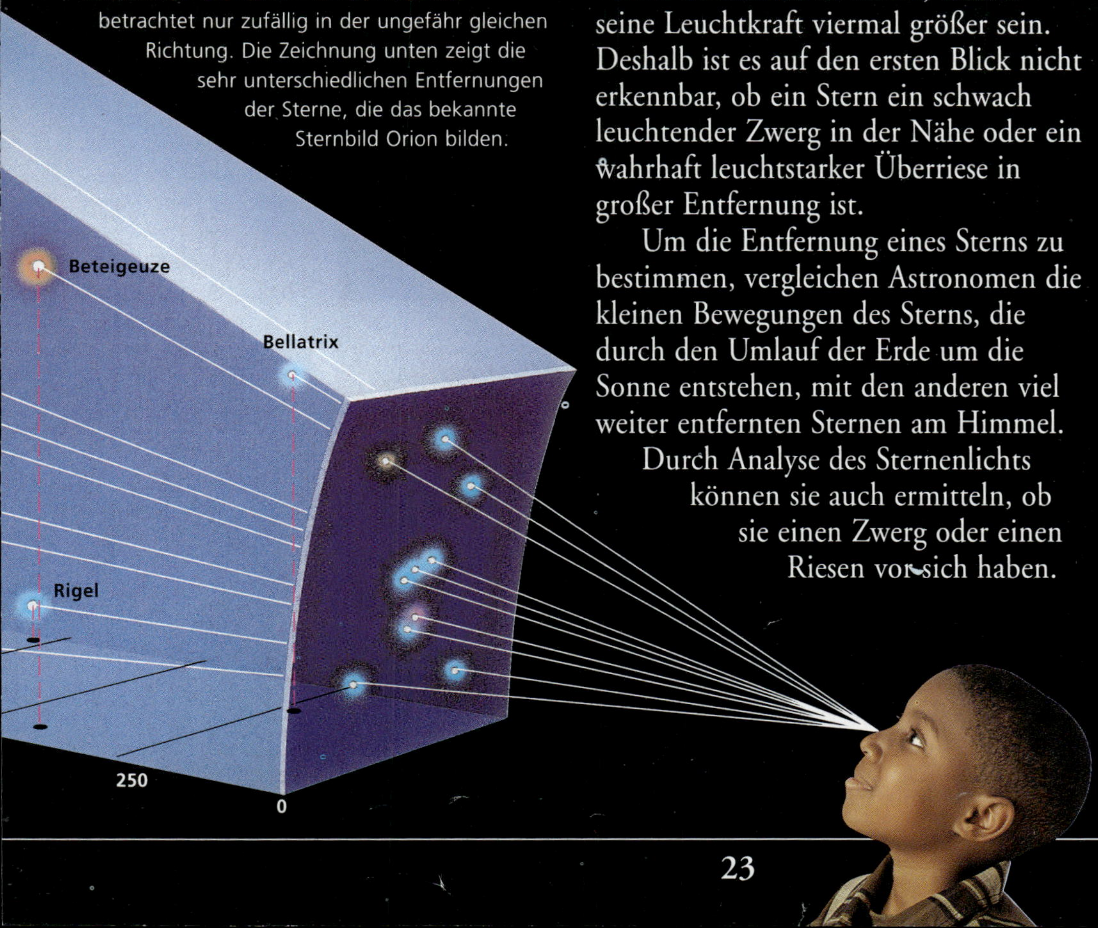


## Entfernungen der Sterne

Wie hell ein Stern erscheint, hängt von zwei Faktoren ab: zum einen von seiner Leuchtkraft, der absoluten Helligkeit, mit der er im Weltraum leuchtet; zum anderen auch von seiner Entfernung. Stell dir vor, irgendein Stern wird auf die doppelte Entfernung verschoben. Um ihn jetzt so hell wie vorher erscheinen zu lassen, müsste seine Leuchtkraft viermal größer sein. Deshalb ist es auf den ersten Blick nicht erkennbar, ob ein Stern ein schwach leuchtender Zwerg in der Nähe oder ein wahrhaft leuchtstarker Überriese in großer Entfernung ist.

Um die Entfernung eines Sterns zu bestimmen, vergleichen Astronomen die kleinen Bewegungen des Sterns, die durch den Umlauf der Erde um die Sonne entstehen, mit den anderen viel weiter entfernten Sternen am Himmel. Durch Analyse des Sternenlichts können sie auch ermitteln, ob sie einen Zwerg oder einen Riesen vor sich haben.

# Sterne mit Planeten

Die Schwerkraft eines umkreisenden Planeten zerrt an seinem Stern, was zu einer leichten Hin- und Herbewegung des Sterns führt. Dieses »Wackeln« ist im Sternenlicht zu erkennen. Durch das Studium der genauen Art des »Wackelns« können die Astronomen die Masse des Planeten, sowie die Größe und Form seiner Umlaufbahn bestimmen.

**Stern: 47 Ursae Maioris** Wie die Sonne ein gelber Stern; 1,1facher Sonnendurchmesser. **Planet:** Vermutlich gleicher Durchmesser wie Jupiter; kreisförmige Umlaufbahn; Entfernung des Planeten vom Stern ist die 2,1fache mittlere Entfernung der Erde zur Sonne; Umlaufzeit um den Stern ist drei Jahre.

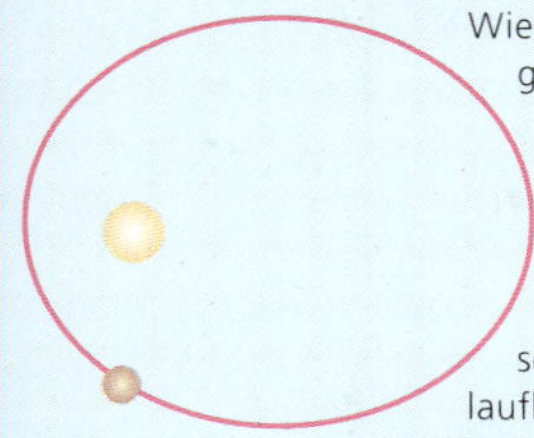

**Stern: 16 Cygni B** Wie die Sonne ein gelber Stern; gleicher Durchmesser wie die Sonne. **Planet:** Vermutlich gleiche Masse wie Jupiter; sehr elliptische Umlaufbahn; Entfernung des Planeten vom Stern ist die 0,6fache Entfernung der Erde zur Sonne (kleinster Abstand) bzw. 2,7fach (weitester Abstand); Umlaufzeit ist 2,2 Jahre.

**Entfernungsskala**

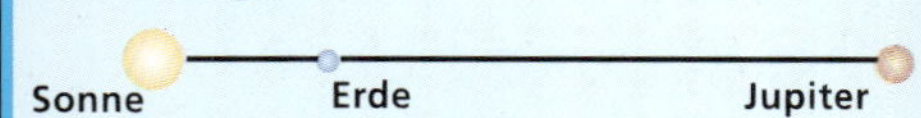


## STERNE IN ZAHLEN

**Nächster Stern:** Proxima Centauri, Roter Zwerg, Entfernung 4,25 Lichtjahre.

**Hellster Stern am Himmel:** Sirius, weißer Stern, 1,7 Sonnenradien, Entfernung 8,7 Lichtjahre, 25fache Sonnenleuchtkraft.

**Stern mit sehr hoher wahrer Leuchtkraft:** Eta Carinae. Man glaubt, er hat die Leuchtkraft von etwa vier Millionen Sonnen, aber er ist hinter einer Staubwolke verborgen. Er ist mit der etwa 100-150fachen Sonnenmasse auch einer der massereichsten Sterne, die man kennt. Entfernung 8000 Lichtjahre.

**Ein sehr kühler schwacher Stern:** Gliese 105C, wahrscheinliche Temperatur 2300 °C, 0,0001-fache Sonnenleuchtkraft.

**Die heißesten bekannten Sterne:** Temperaturen von etwa 250.000 °C.

# Veränderliche Sterne

Viele Sterne werden immer wieder heller und dann schwächer, so genannte Veränderliche. Bei manchen Sternen ist die Veränderung so regelmäßig wie ein Uhrwerk. Es kann einige Tage oder viele Monate dauern, bis ein Hell-Dunkel-Zyklus durchlaufen ist, aber das Muster wiederholt sich immer wieder. Es gibt auch Sterne, bei denen es überraschend und ohne Vorwarnung zu einem dramatischen Helligkeitsanstieg oder -abfall kommt. Dazwischen gibt es Sterne, die zwar einem allgemeinen Änderungsschema gehorchen, aber nicht immer vorhersehbar sind. Es gibt viele Gründe, warum Sterne nicht eine gleichmäßige Helligkeit beibehalten und darum gibt es auch so viele unterschiedliche Veränderliche.

**Eta Carinae**
Zwischen 1835 und 1845 stieg die Helligkeit des Sterns Eta Carinae an und er wurde zum zweithellsten Stern am Himmel nach Sirius. Heute ist er ohne Fernrohr kaum noch sichtbar. Dieses Foto vom Hubble-Weltraumteleskop zeigt Materiewolken, die der Stern abstieß, als er heller wurde. Der Stern liegt nun hinter Gas und Staub verborgen.

## Cepheiden

Veränderliche Sterne einer sehr wichtigen Klasse sind die Cepheiden, nach dem Stern Delta Cephei benannt. Delta Cephei braucht fünf Tage und neun Stunden für einen kompletten Lichtwechsel. Im Maximum ist er doppelt so hell wie im Minimum. Der Helligkeitszyklus eines Cepheiden kann 1-50 Tage dauern. Alle Cepheiden sind gelbe Riesensterne mit einer Leuchtkraft von mehreren tausend Sonnen. Ein Cepheid ist veränderlich, weil der ganze Stern wie ein Herz pulsiert. Die Größe von Delta Cephei schwankt zwischen 32- und 35facher Sonnengröße.

Die Cepheiden sind so wichtig, weil die Astronomen mit ihrer Hilfe die Entfernungen zu fernen Galaxien messen können. Um die Distanz einer Galaxie zu bestimmen, müssen die Astronomen die scheinbare Helligkeit ihrer Sterne mit ihrer Leuchtkraft vergleichen. Cepheiden sind dafür gut geeignet, da die Dauer des Helligkeitszyklus eines Cepheiden immer an seine Leuchtkraft gekoppelt ist.

Etwa 700 Cepheiden hat man in unserer Galaxie entdeckt. Die Astronomen vom Hubble-Weltraumteleskop suchen nach Cepheiden in anderen Galaxien. Mithilfe der Cepheiden können die Astronomen die Entfernungen mancher Galaxien sehr genau bestimmen und daraus die Größe des Universums abschätzen.

## Rußige Überriesen

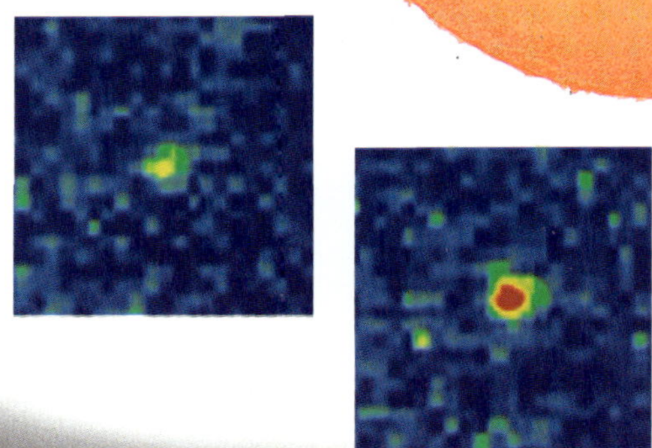

◁ **Ein Cepheiden-veränderlicher**
Diese zwei Bilder zeigen die Helligkeitsänderung eines Cepheiden innerhalb von 22 Tagen. Dieser Stern verdoppelt seine Helligkeit und wird dann wieder schwächer, um den Zyklus nach einem Zeitraum von 51 Tagen von neuem zu beginnen.

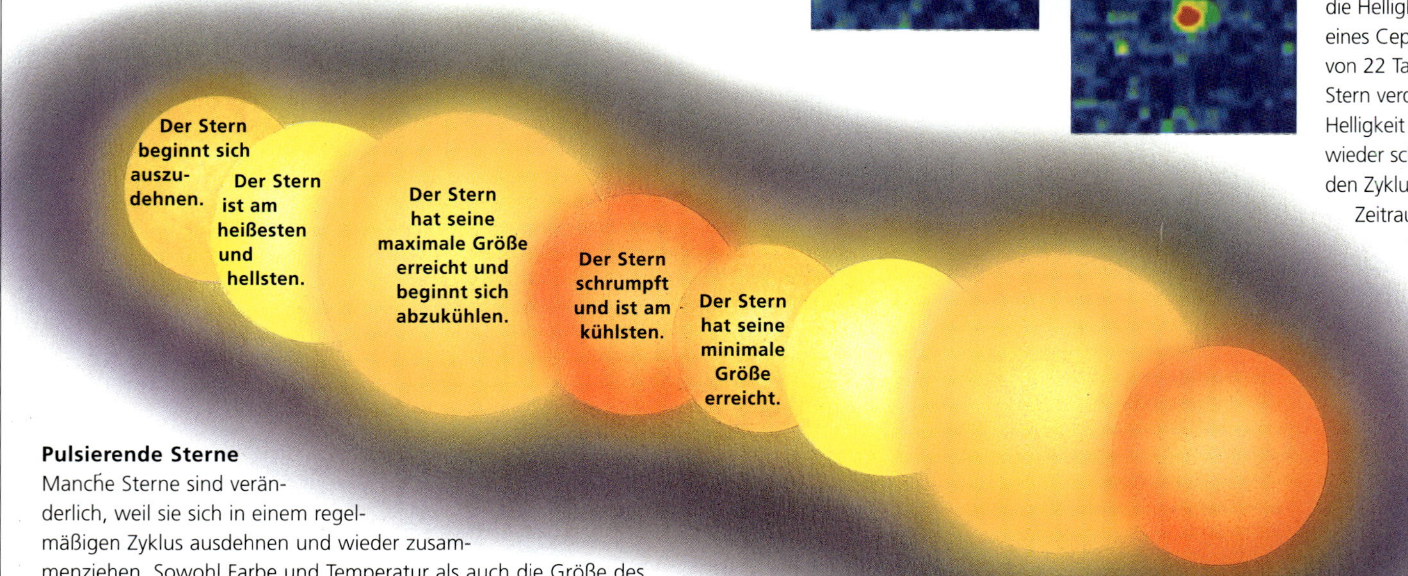


**Pulsierende Sterne**
Manche Sterne sind veränderlich, weil sie sich in einem regelmäßigen Zyklus ausdehnen und wieder zusammenziehen. Sowohl Farbe und Temperatur als auch die Größe des Sterns variieren. Sie werden pulsierende Veränderliche genannt. Auf diese Weise verändern Cepheiden ihre Helligkeit.

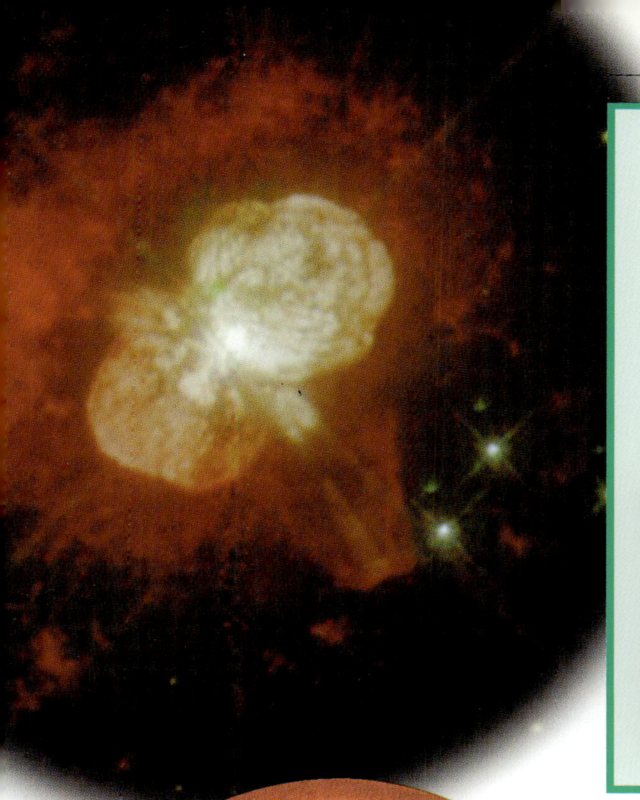

## Henrietta Leavitt

Während ihrer Arbeit am Harvard-College-Observatorium in Massachusetts begann Henrietta Leavitt (1868-1921) damit, Himmelsfotografien, die zu unterschiedlichen Zeiten aufgenommen wurden, zu vergleichen, um herauszufinden, welche von den Sternen Veränderliche waren. Sie entdeckte 1895 Cepheiden in einer nahe gelegenen Galaxie, der Kleinen Magellanschen Wolke. Als sie 25 solcher Sterne untersucht hatte, erkannte Leavitt, dass es einen Zusammenhang zwischen dem Helligkeitszyklus eines Cepheiden und seiner Leuchtkraft gab.

**Henrietta Leavitt**

**Kleine Magellansche Wolke**
Henrietta Leavitt entdeckte Cepheidenveränderliche in dieser Nachbargalaxie der Milchstraße. Sie ist als kleines nebeliges Fleckchen zu erkennen.

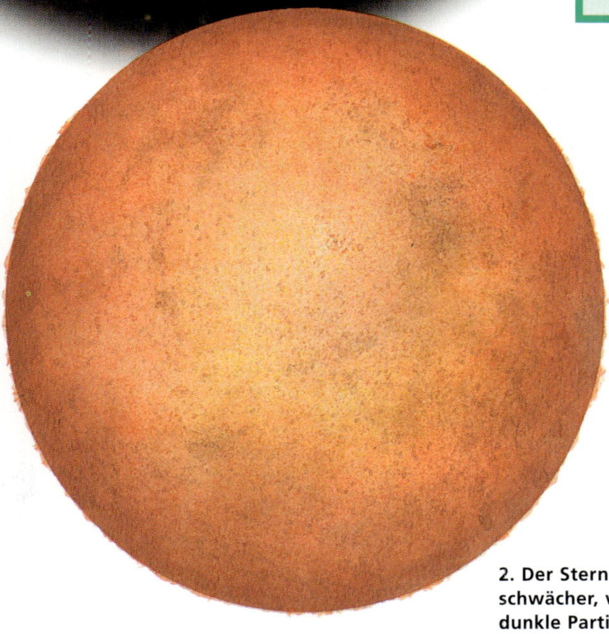

**2. Der Stern wird schwächer, wenn dunkle Partikel wie Ruß sich in seinen äußeren Schichten bilden.**

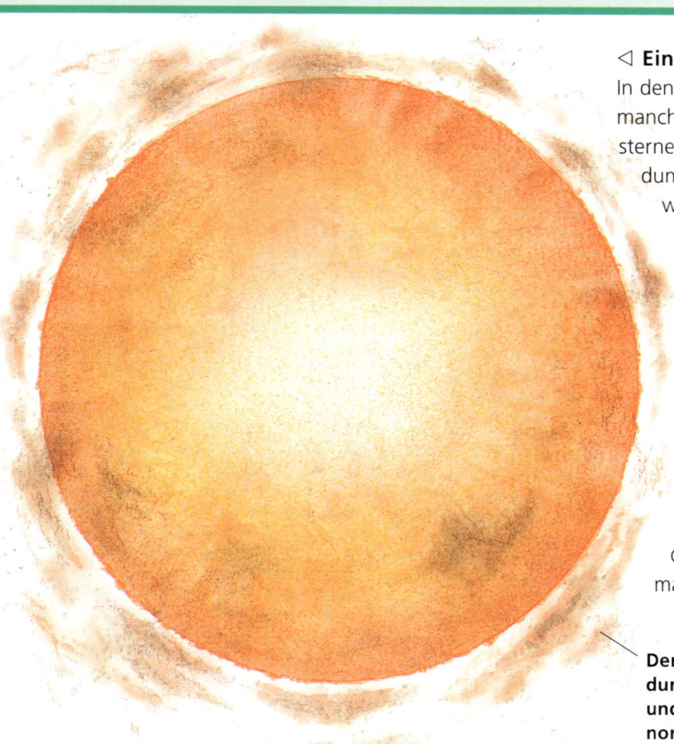

**◁ Ein rauchender Stern**
In den äußeren Schichten mancher Roter Überriesensterne bilden sich winzige dunkle Partikel, ähnlich wie Ruß bei einer Kerzenflamme. Wenn sich viel Ruß angesammelt hat, lässt er den Stern sehr viel schwächer erscheinen. Aber dann weht die dunkle Materie von der Sternoberfläche fort und der Stern leuchtet wieder mit seiner normalen Helligkeit.

**Der Stern bläst die dunkle Materie fort und wird wieder normal hell.**

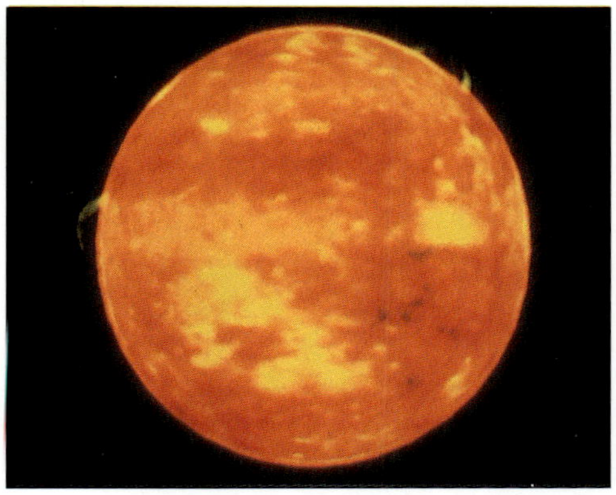

**Ein Flarestern**
In nur wenigen Minuten sorgt ein fulminanter Ausbruch an der Oberfläche eines Flaresterns für einen dramatischen Helligkeitsanstieg. Flaresterne sind immer Rote Zwerge.

### »Wunderbare Sterne«

Einer der berühmtesten aller veränderlichen Sterne ist Mira, die man im Sternbild Walfisch findet. Noch bevor es Fernrohre gab, bemerkte 1596 ein niederländischer Astronom, dass Mira ein heller, für das bloße Auge sichtbarer Stern war. Wenige Monate später schien es, als wäre er verschwunden, aber manchmal tauchte er wieder auf. Man gab ihm den Namen Mira Stella, was »wunderbarer Stern« bedeutet. Heute nennt man alle Sterne, die sich ähnlich verhalten, Miraveränderliche.

Mira ist ein Roter Riesenstern, der wie ein Cepheid pulsiert. Aber ein Lichtwechsel dauert 332 Tage – das ist viel länger als bei einem Cepheiden – und er zeigt kein sehr regelmäßiges Verhalten. Mira schwächt sich im sichtbaren Licht stark ab, wenn der Stern sich ausdehnt und ein wenig abkühlt. Jedoch gibt der Stern ständig einen Großteil seiner Energie als Infrarotstrahlung ab, die für das menschliche Auge unsichtbar ist.

# Doppelsterne

Etwa die Hälfte aller »Sterne« am Himmel sind in Wirklichkeit Doppelsterne. Doppelsterne umkreisen sich gegenseitig, sie werden durch die gegenseitige Anziehungskraft zusammengehalten. Wenn zwei Sterne sich sehr nahe stehen, kann Materie von einem Stern auf einen anderen überströmen und dabei eine Brücke zwischen beiden bilden. Wenn ein Stern zu einem Riesen anschwillt, kann er den anderen dabei ganz verschlucken. Wenn zwei Sterne sehr nahe miteinander in Wechselwirkung treten, kann das oft heftige Folgen haben – beispielsweise gewaltige Ausbrüche von Röntgenstrahlung oder eine Novaexplosion.

## Röntgenstrahlung

Sehr heiße Sterne und heißes Gas im Weltall senden Röntgenstrahlung aus. Röntgenstrahlen sind sehr energiereich und gefährlich, aber sie erreichen nicht die Erdoberfläche, weil unsere Atmosphäre sie absorbiert. Das hier abgebildete Röntgenobservatorium, das sich in der Erdumlaufbahn befindet, ist der Röntgen-Satellit ROSAT. Er wurde 1990 gestartet.

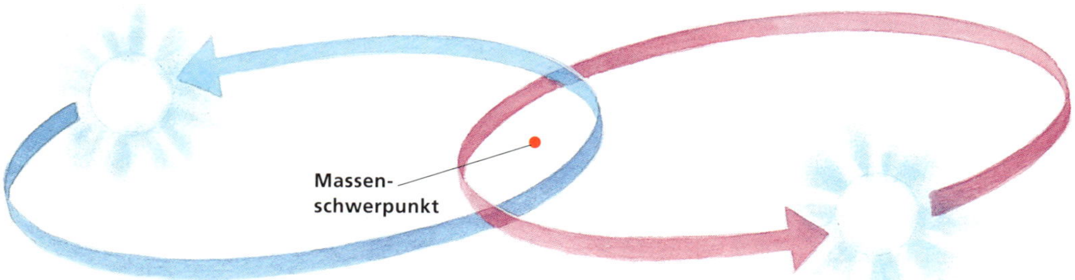


**Zwei Umlaufbahnen**
Beide Sterne in einem Doppelsternsystem bewegen sich um einen Punkt, den wir Massenschwerpunkt nennen. Stell dir die zwei Sterne an den Enden einer Wippe vor. Der Massenschwerpunkt entspricht dann dem Auflagepunkt der Wippe, wenn diese im Gleichgewicht ist.

### Entdeckung von Doppelsternen

Wenn ein Sternenpaar weit auseinander steht, kann man beide mit einem Fernrohr sehen. Ein solches Paar nennt man Visuelle Doppelsterne. Eng zusammenstehende Paare kann man nur nach sorgfältigen Analysen ihres gemeinsamen Sternenlichts entdecken.

Je näher sich zwei Sterne sind, umso kürzer sind ihre Umlaufzeiten. Paare, die so weit auseinander stehen, dass sie Visuelle Doppelsterne sind, brauchen oftmals zehn oder 100 Jahre für einen Umlauf. Sehr nah zusammenstehende Sternpaare umkreisen sich gegenseitig in einigen Tagen – oder sogar nur wenigen Stunden. Da die Masse eines Sterns die Größe seiner Umlaufbahn beeinflusst, können die Astronomen aus den Orbitdaten des Doppelsternsystems die Masse beider Sterne berechnen.

### Sich bedeckende Sterne

Es kann vorkommen, dass ein Stern vor dem anderen vorbeizieht und sie sich gegenseitig bedecken. Dies führt zu einer Veränderung ihrer Gesamthelligkeit. Der bekannteste Bedeckungsveränderliche ist Algol im Sternbild Perseus.

## Bedeckungsveränderliche Sterne

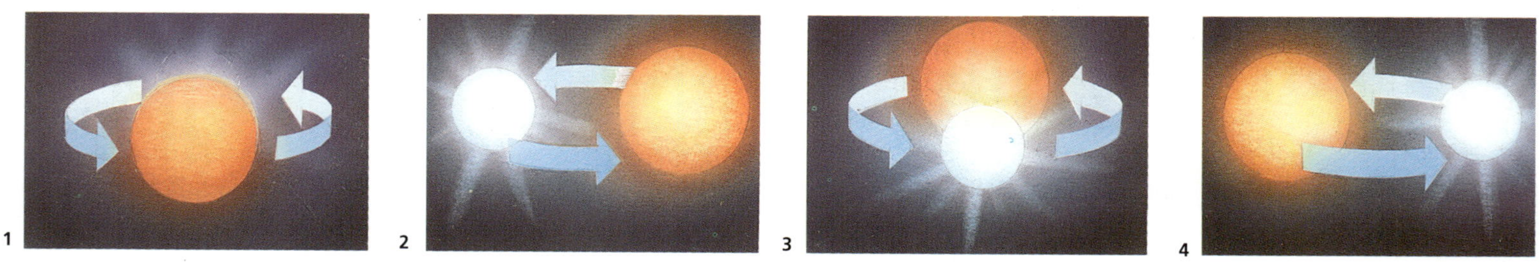


**Algol**
Die beiden Sterne von Algol umkreisen sich in 2,87 Tagen, dabei bedecken sie sich abwechselnd. Der hellere Stern ist bläulich-weiß, der schwächere ist gelb.
**1** Der blaue Stern ist verborgen, die Gesamthelligkeit fällt stark ab.
**2** Der blaue Stern kommt hinter dem gelben Stern hervor.
**3** Der blaue Stern schiebt sich vor den gelben, was die Gesamthelligkeit wenig verändert.
**4** Der blaue Stern bewegt sich zur Seite und beide Sterne leuchten wieder vollständig.

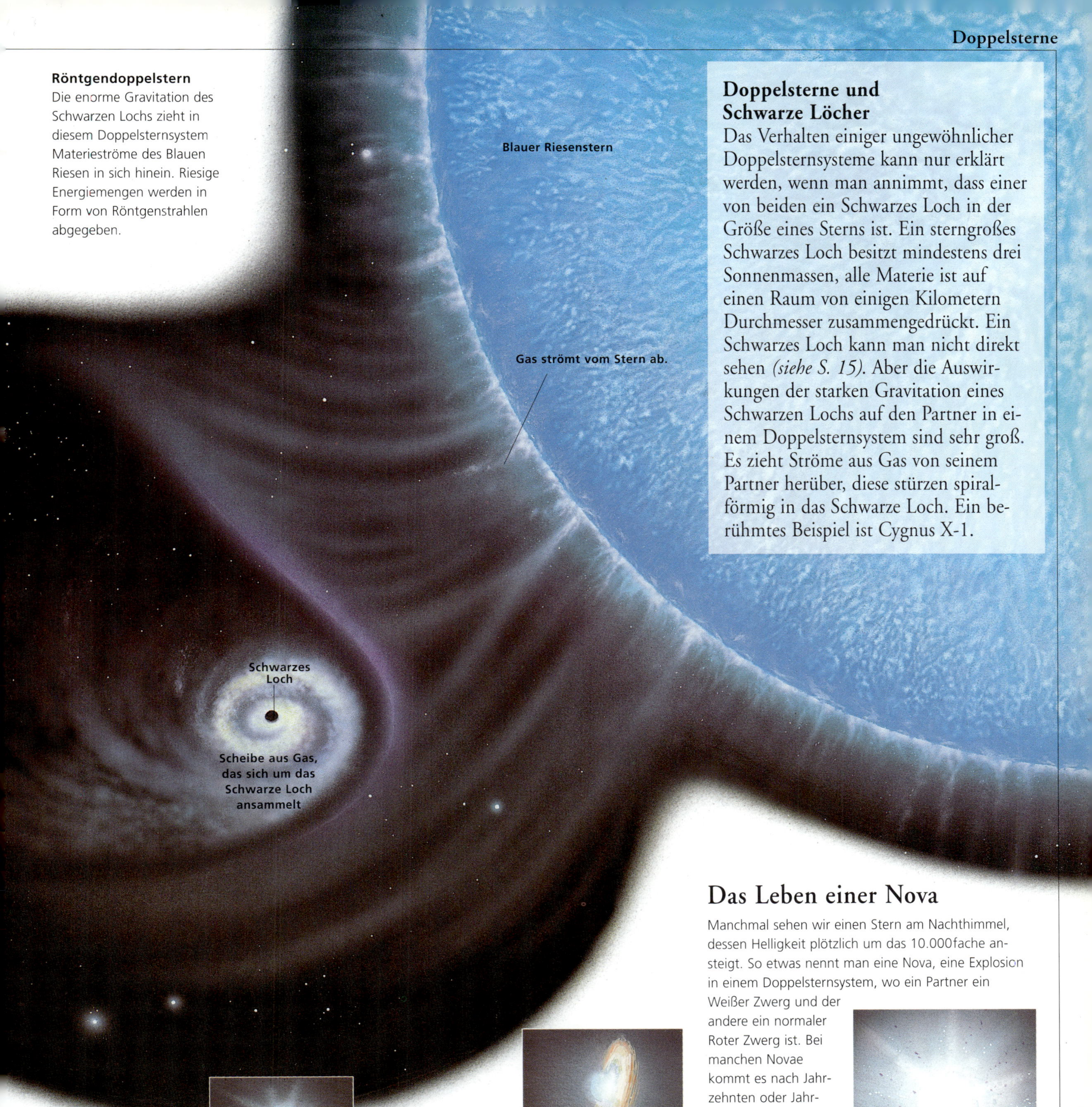


**Röntgendoppelstern**
Die enorme Gravitation des Schwarzen Lochs zieht in diesem Doppelsternsystem Materieströme des Blauen Riesen in sich hinein. Riesige Energiemengen werden in Form von Röntgenstrahlen abgegeben.

## Doppelsterne und Schwarze Löcher

Das Verhalten einiger ungewöhnlicher Doppelsternsysteme kann nur erklärt werden, wenn man annimmt, dass einer von beiden ein Schwarzes Loch in der Größe eines Sterns ist. Ein sterngroßes Schwarzes Loch besitzt mindestens drei Sonnenmassen, alle Materie ist auf einen Raum von einigen Kilometern Durchmesser zusammengedrückt. Ein Schwarzes Loch kann man nicht direkt sehen *(siehe S. 15)*. Aber die Auswirkungen der starken Gravitation eines Schwarzen Lochs auf den Partner in einem Doppelsternsystem sind sehr groß. Es zieht Ströme aus Gas von seinem Partner herüber, diese stürzen spiralförmig in das Schwarze Loch. Ein berühmtes Beispiel ist Cygnus X-1.

## Das Leben einer Nova

Manchmal sehen wir einen Stern am Nachthimmel, dessen Helligkeit plötzlich um das 10.000fache ansteigt. So etwas nennt man eine Nova, eine Explosion in einem Doppelsternsystem, wo ein Partner ein Weißer Zwerg und der andere ein normaler Roter Zwerg ist. Bei manchen Novae kommt es nach Jahrzehnten oder Jahrhunderten erneut zu Ausbrüchen.

**1. Bei diesem Sternpaar könnte es eventuell zu einer Novaexplosion kommen. Der rote Stern wird durch die hohe Energie von seinem Partner, einem Weißen Zwerg, überhitzt.**

**2. Der rote Stern wird durch die starke Anziehungskraft des Weißen Zwergs birnenartig verformt und lässt Gas abströmen. Das Gas wirbelt zunächst in eine Scheibe und stürzt dann auf die Oberfläche des Weißen Zwergs.**

**3. Der Weiße Zwerg kann den Druck der neuen Materie nicht vollständig aufnehmen. Er wird zunehmend heißer, bis es zu einer riesigen und sehr hellen Atomexplosion auf seiner Oberfläche kommt.**

# Tod der Sterne

**Supernova in der Großen Magellanschen Wolke**
Das Hubble-Weltraumteleskop zeigte Schalen aus Gas, die weggeblasen wurden, bevor dieser Stern explodierte. Die Überreste der Explosion sind ganz im Zentrum zu sehen.

Kein Stern leuchtet ewig. Wenn seine Energievorräte zur Neige gehen, fällt sein innerer Kern allmählich in sich zusammen, dabei steigt die Temperatur an. Ein Teil der freigesetzten Wärmeenergie führt zu einer Ausdehnung des restlichen Sterns und er wird zu einem Riesen oder Überriesen.

Sterne mit weniger als etwa acht Sonnenmassen geben allmählich sämtliche ihrer äußeren Schichten ins Weltall ab. Die Zentren erscheinen als Weiße Zwerge. Massereichere Sterne stoßen einen Teil ihrer Materie ab, aber gelegentlich zerplatzen sie durch eine gewaltige Explosion, die Supernova genannt wird. Dabei wird eine riesige Wolke aus Sternenstaub in den Weltraum geschleudert und zurück bleibt entweder ein Neutronenstern oder ein Schwarzes Loch.

## Jocelyn Bell Burnell

Während ihres Astronomiestudiums an der Cambridge-Universität entdeckte Jocelyn Bell Burnell (geboren 1943) die piepsenden Radiosterne, die wir heute als Pulsare bezeichnen. Bei der Durchsicht von Papierstreifen, auf denen die mit einem Radioteleskop empfangenen Signale aufgezeichnet waren, erkannte sie, dass manche der seltsamen Zacken von unbekannten Objekten am Himmel stammen müssen. Es stellte sich heraus, dass es sich dabei um Neutronensterne handelt, die aufgrund ihrer schnellen Rotation regelmäßige Radiowellen aussenden.

**Einmal sieht man sie, einmal nicht**
Die regelmäßigen Radiosignale eines Pulsars werden auf Papier aufgezeichnet *(unten)*. Manche Pulsare scheinen auch ihr sichtbares Licht an- und abzuschalten, wie der Zentralstern des Krebsnebels, der 30-mal pro Sekunde pulsiert *(rechts)*.

**Sichtbares Licht**

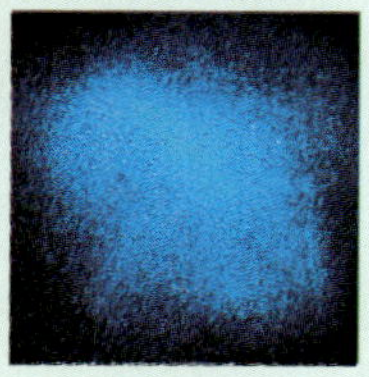

**Unsichtbares Licht**

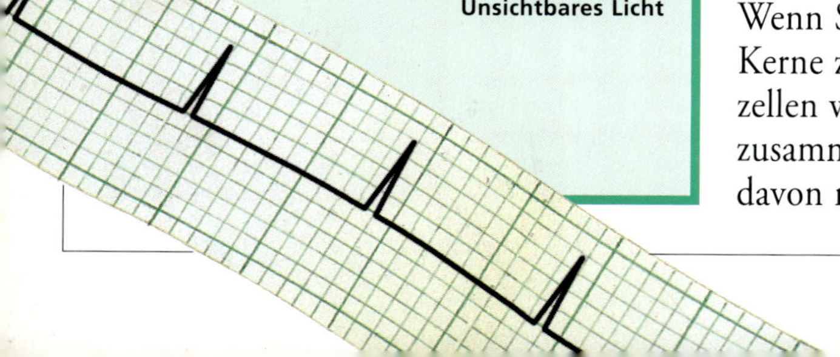

**△ Massearme Sterne**
Die Lebensdauer eines Sterns hängt davon ab, wie massereich er ist. Weniger massereiche Sterne brauchen ihren Brennstoff langsamer auf und existieren daher länger. Sterne wie die Sonne leuchten zehn Milliarden Jahre lang annähernd konstant. Dann blähen sie sich zu Roten Riesen auf. Momentan ist die Sonne etwa fünf Milliarden Jahre alt.

**△ Massereiche Sterne**
Massereiche Sterne verbrauchen ihre Energiereserven sehr schnell. Ein Stern mit 10facher Sonnenmasse existiert nur etwa 30 Millionen Jahre. Am Anfang ist er ein großer blauer Stern, aber dann dehnt er sich aus und ändert seine Farbe, wenn er älter wird.

**Wolke aus Gas und Staub, woraus Sterne entstehen** ***(siehe S. 20-21)***

### Recycling im Weltraum

Grundbausteine des Universums sind die chemischen Elemente Sauerstoff, Kohlenstoff, Eisen, Gold und viele andere. Wasserstoff und Helium entstanden in den ersten Minuten des Universums, alle anderen Elemente jedoch entstehen aus Wasserstoff im Inneren der Sterne oder bei Supernovaexplosionen. Wenn ein Stern stirbt, vermischen sich die neu gebildeten Elemente mit den bereits im Weltraum vorhandenen Gaswolken. So enthalten neue Sterne, die sich in diesen Wolken bilden, einen größeren Anteil dieser Elemente. Unser Planet besteht hauptsächlich aus Elementen, die in längst schon toten Sternen entstanden sind.

### Asche toter Sterne

Wenn Sterne sterben, bleiben nur die Kerne zurück, die einst ihre Brennstoffzellen waren. Sie sind so stark in sich zusammengefallen, dass nur ein Teelöffel davon mehrere Tonnen wiegen würde!

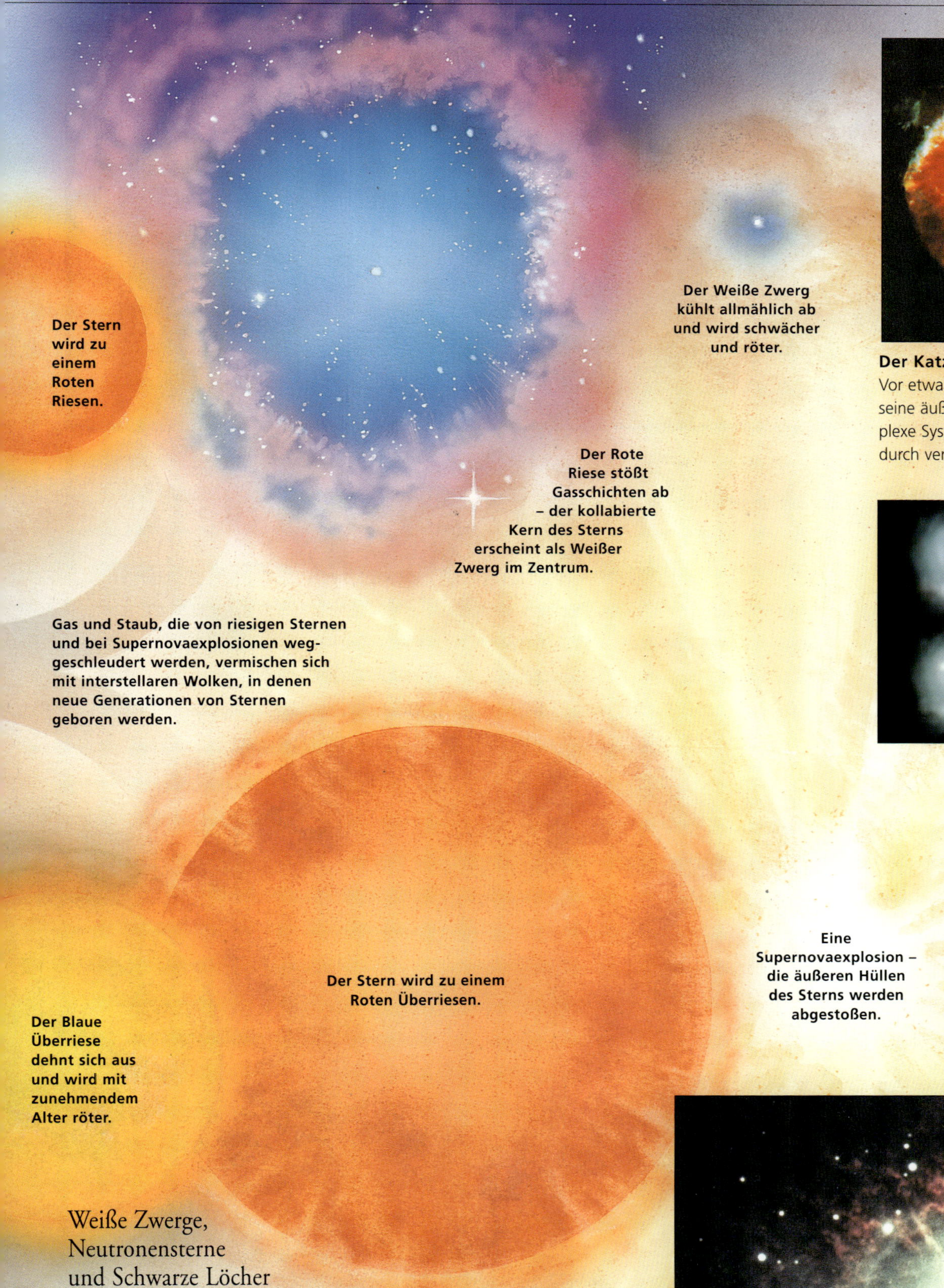


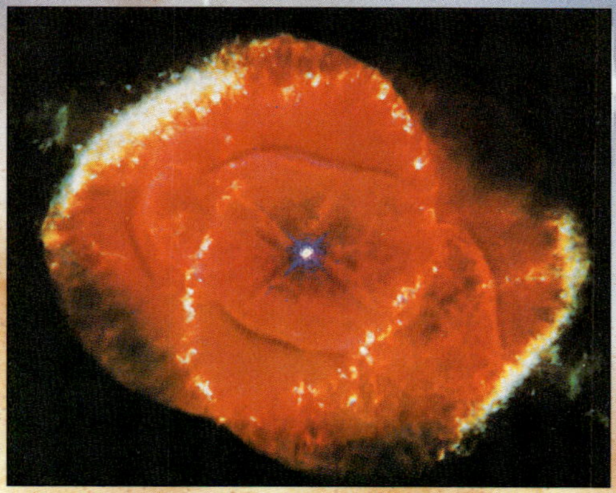

**Der Katzenaugennebel**
Vor etwa 1000 Jahren stieß ein sterbender Stern seine äußeren Gashüllen ab und bildete dieses komplexe System aus Gasschichten und -strömen, hier durch verschiedene Farben kenntlich gemacht.

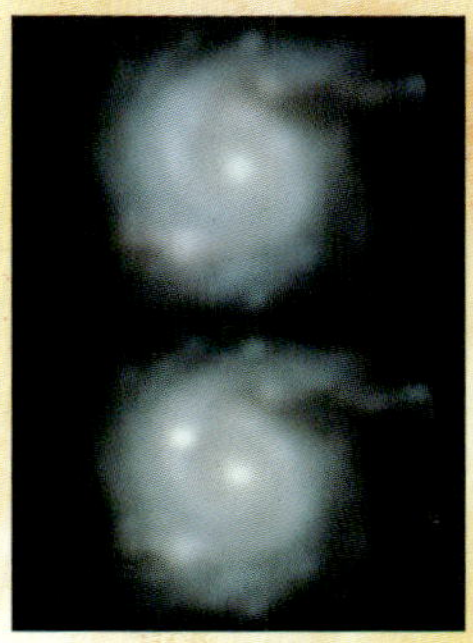

**Explodierender Stern**
Als in der Galaxie NGC 3310 ein Stern als Supernova explodierte, leuchtete diese so hell wie eine Milliarde Sonnen. Du kannst die Supernova links oberhalb des Galaxienzentrums auf dem unteren Bild sehen.

Weiße Zwerge, Neutronensterne und Schwarze Löcher sind verschiedene Arten von kollabierten Sternzentren. Weiße Zwerge kühlen allmählich ab und werden schwächer. Einige Neutronensterne stoßen Radiostrahlen aus. Diese Pulsare drehen sich sehr schnell, werden aber nach und nach langsamer. Die Zentren der meisten massereichen Sterne kollabieren nach einer Supernovaexplosion vollständig zu Schwarzen Löchern.

**Der Krebsnebel**
Chinesische Astronomen zeichneten im Jahre 1054 die Explosion einer Supernova im Sternbild Stier auf. Heute sehen wir die Überreste dieser Supernova als den Krebsnebel, mit einem Pulsar in seinem Zentrum.

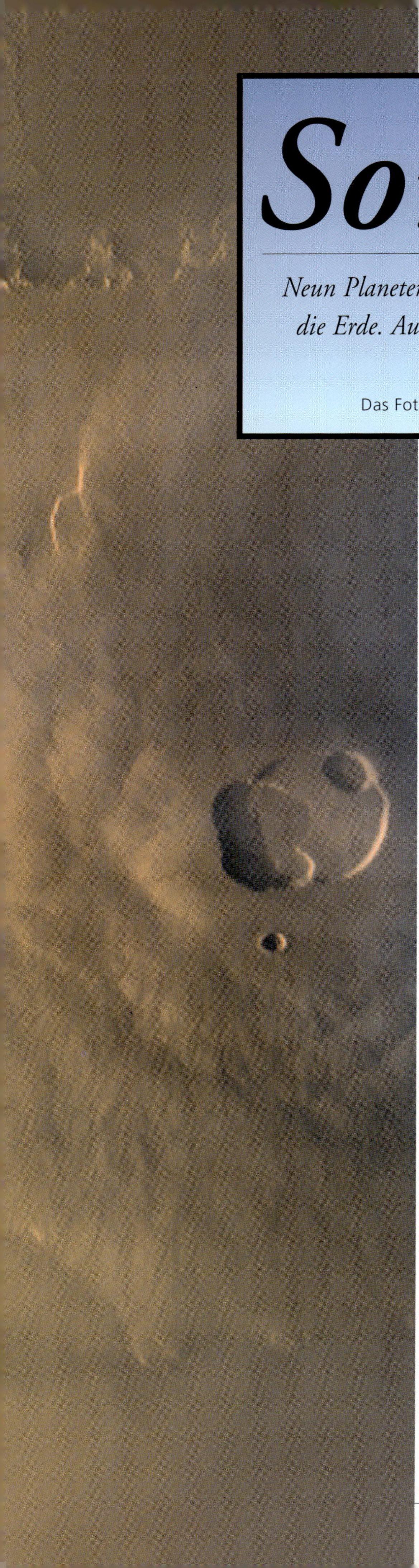

Das

# Sonnensystem

*Neun Planeten und ihre Monde umkreisen die Sonne, darunter unser eigener Planet, die Erde. Auch Tausende von felsigen Asteroiden und eisigen Kometen gehören zur Sonnenfamilie, die wir das Sonnensystem nennen.*

Das Foto *(links)* zeigt, von oben gesehen, einen Teil des Olympus Mons auf dem Mars.

## Die Sonnenfamilie

Sieben der neun großen Planeten im Sonnensystem haben zusammen mehr als 60 Monde. Neben den großen Planeten umkreisen mehrere tausend Kleinplaneten die Sonne. Viele haben Umlaufbahnen zwischen Mars und Jupiter. Mann nennt sie auch Asteroiden. Kometen, die aus Eis und Gestein bestehen, stammen aus dem äußeren Sonnensystem.

Als Sonnensystem bezeichnet man die Sonne mit allen Körpern, die sie umkreisen, einschließlich der Staubpartikel zwischen den Planeten. Die Sonne hält ihre Familienmitglieder bei sich aufgrund ihrer starken Anziehungskraft. Unter dem Einfluss der Sonne sind die Umlaufbahnen Ellipsen, welche die Form von abgeplatteten Kreisen haben, obwohl die meisten Planetenbahnen annähernd kreisförmig sind.

### Wie das Sonnensystem entstand

**Aus Gas und Staub**

**1** Die Sonne, die Planeten und das ganze Sonnensystem entstanden vor 4,6 Milliarden Jahren aus der gleichen langsam rotierenden Gas- und Staubwolke im Weltraum. Von der Schwerkraft zusammengezogen, sammelte sich Materie in einer Scheibe um die junge Sonne an.

**2** Kleine Klumpen verdichteten sich in der Scheibe. Manche flogen wieder auseinander. Andere vereinigten sich zu Gebilden, die von den übrig gebliebenen Trümmern bombardiert wurden.

**3** Im Laufe von Millionen Jahren wurden diese größeren Klumpen zu den heutigen Planeten, kleinere wurden zu Kometen und Asteroiden.

## DAS SONNENSYSTEM IN ZAHLEN

| Planet | Entfernung von der Sonne (Vielfaches der mittleren Erdentfernung *) | | | Umlaufzeit |
|---|---|---|---|---|
| | im Durchschnitt | am entferntesten | am nächsten | (in Erdtagen/-jahren) |
| Merkur | 0,387 | 0,467 | 0,308 | 87,97 Tage |
| Venus | 0,723 | 0,728 | 0,718 | 224,70 Tage |
| Erde | 1,0 | 1,017 | 0,983 | 365,26 Tage |
| Mars | 1,524 | 1,666 | 1,381 | 686,98 Tage |
| Jupiter | 5,203 | 5,455 | 4,951 | 11,86 Jahre |
| Saturn | 9,539 | 10,069 | 9,008 | 29,46 Jahre |
| Uranus | 19,18 | 20,09 | 18,28 | 84,01 Jahre |
| Neptun | 30,06 | 30,32 | 29,80 | 164,8 Jahre |
| Pluto | 39,5 | 49,28 | 29,65 | 247,7 Jahre |

*Die mittlere Entfernung der Erde von der Sonne beträgt 149,6 Millionen km.

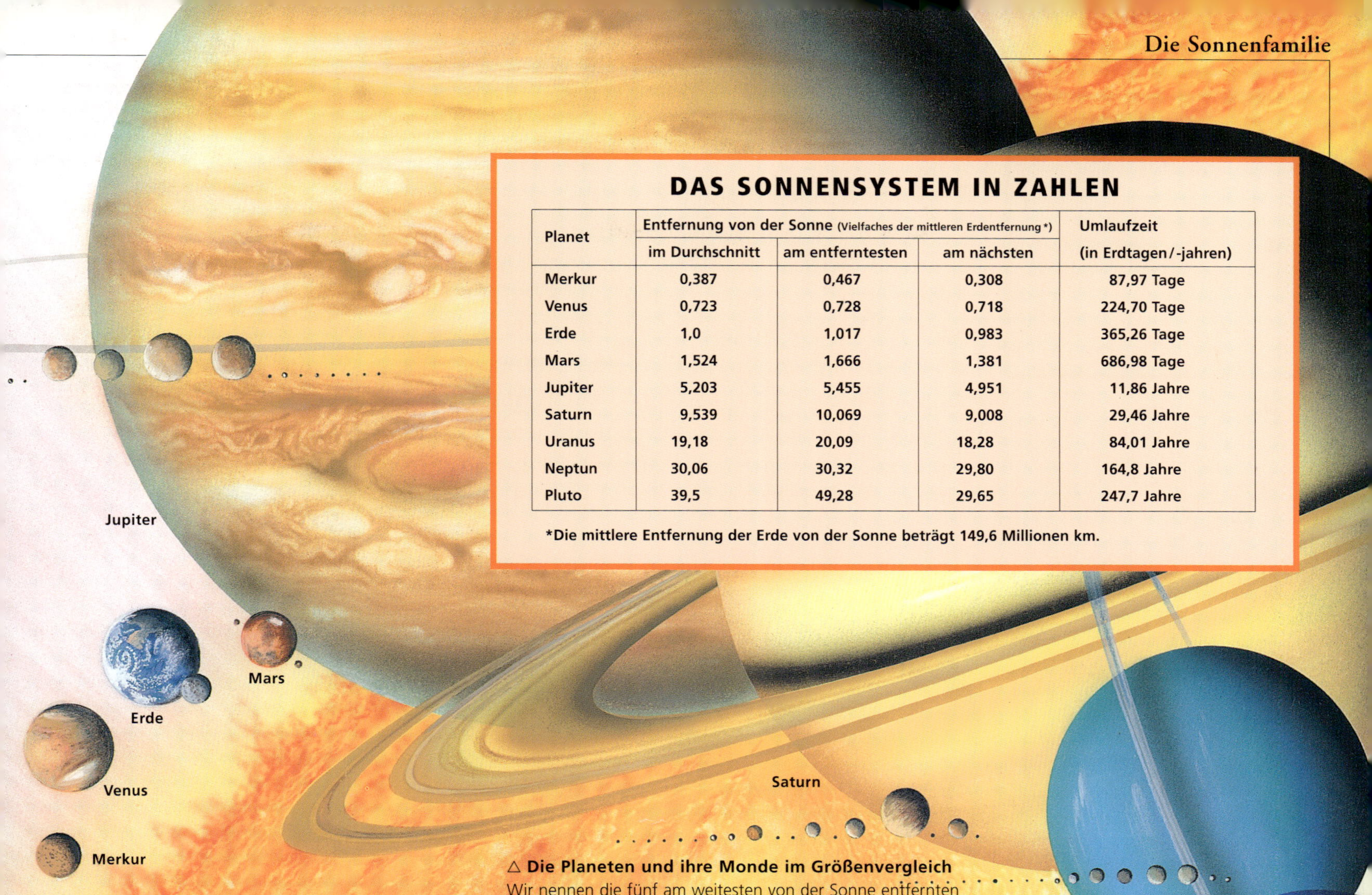


△ **Die Planeten und ihre Monde im Größenvergleich**
Wir nennen die fünf am weitesten von der Sonne entfernten Planeten die äußeren Planeten. Die vier inneren Gesteinsplaneten sowie Pluto sind sehr viel kleiner als Jupiter, Saturn, Uranus und Neptun, die viele Monde haben.

## Die Planeten in der Umlaufbahn

Die Schwerkraft der Sonne zieht alles im Sonnensystem zu ihr hin. Da sich die Planeten aber auf stabilen Umlaufbahnen bewegen, stürzen sie nicht in die Sonne. Durch die Bahngeschwindigkeit entsteht eine von der Sonne weggerichtete Kraft, die der Sonnenanziehungskraft die Waage hält. Als das Sonnensystem im Entstehen war, kreiste schon alle Materie in der riesigen rotierenden Gas- und Staubscheibeum die neugeborene Sonne. Planeten bewegen sich umso langsamer, je weiter sie von der Sonne entfernt sind. Pluto, der fernste Planet, ist im Durchschnitt 10-mal langsamer als Merkur, der nächste Planet. Pluto hat auch einen viel weiteren Weg auf seiner Bahn, weil er 100-mal weiter von der Sonne weg ist als Merkur und über 1000-mal länger für einen Umlauf braucht.

## Die Umlaufbahnen im Vergleich

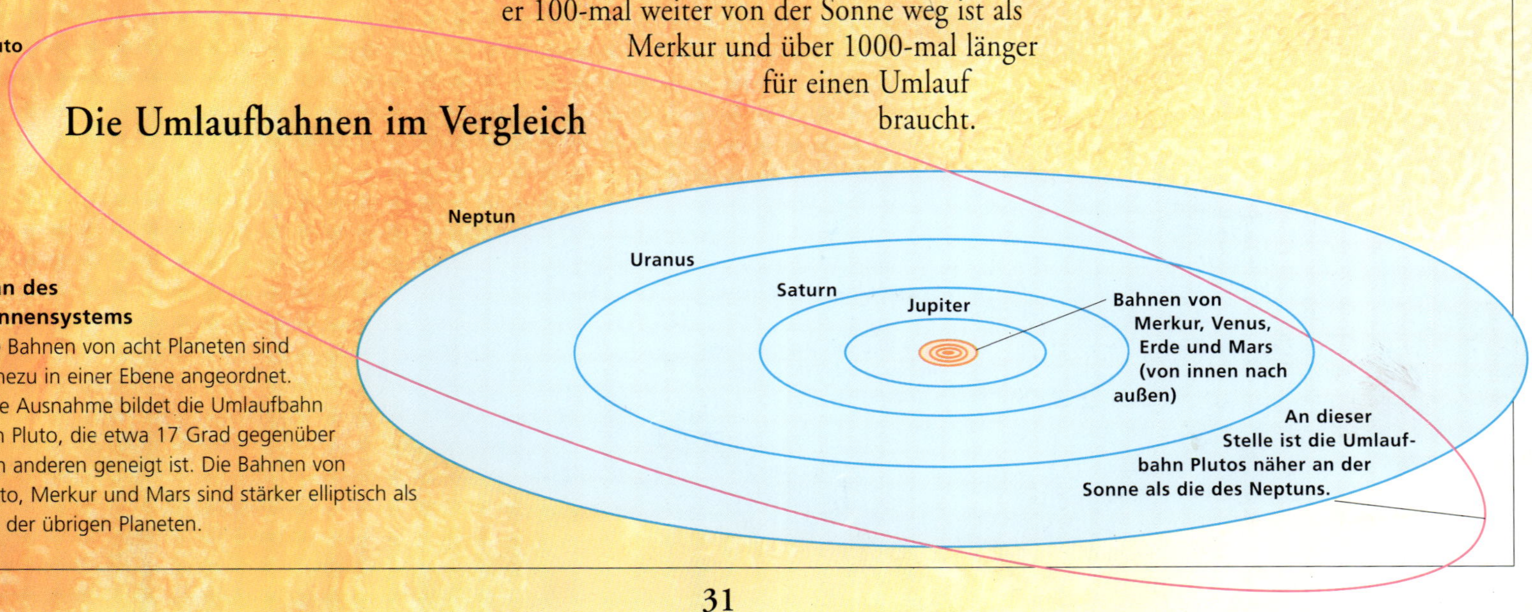


**Plan des Sonnensystems**
Die Bahnen von acht Planeten sind nahezu in einer Ebene angeordnet. Eine Ausnahme bildet die Umlaufbahn von Pluto, die etwa 17 Grad gegenüber den anderen geneigt ist. Die Bahnen von Pluto, Merkur und Mars sind stärker elliptisch als die der übrigen Planeten.

# Die Gesteinsplaneten

**Planeten aus Gestein**
Die inneren Planeten Merkur, Venus, Erde und Mars (rot dargestellt) sowie der Erdmond bestehen vorwiegend aus Gestein und festen Oberflächen.

Die vier sonnennächsten Planeten sowie der Erdmond haben viele Ähnlichkeiten. Sie bestehen hauptsächlich aus Eisen und Gestein und haben Krater auf ihren Oberflächen. Als sich vor etwa 4,6 Milliarden Jahren die ersten Planeten bildeten, gab es viele übrig gebliebene Körper aus Eis und Gestein, die um die Sonne kreisten. Während der folgenden 500 Millionen Jahre stießen die inneren Planeten häufig mit diesen Körpern zusammen, so lange, bis die meisten von ihnen »aufgesammelt« oder »weggefegt« waren. Am Anfang waren die neuen Planeten aufgrund der zahlreichen Einschläge im Inneren so heiß, dass Gestein und Metall schmolzen. Die Zentren von Merkur, Mars und dem Mond sind jetzt abgekühlt und fest, die Kerne von Venus und Erde hingegen sind immer noch flüssig.

## Die Gesteinsplaneten und der Erdmond im Vergleich

Merkur

Merkur besitzt keine richtige Atmosphäre, aber er wird von einer winzigen Menge Gas (hauptsächlich Natrium und Helium) umgeben.

Venus

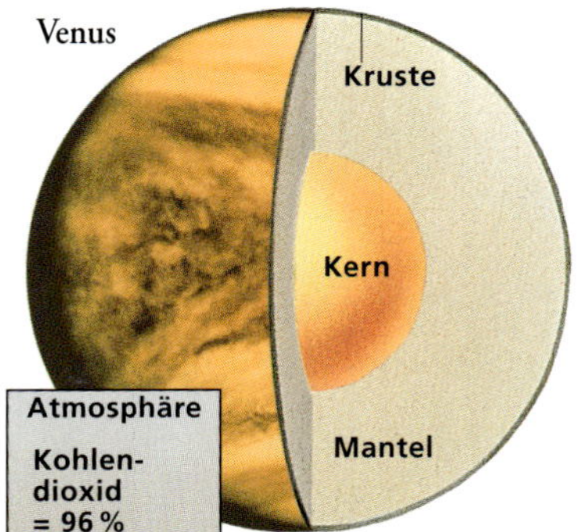


**Atmosphäre**
**Kohlendioxid = 96 %**
**Stickstoff = 3,5 %**
**Andere Gase = 0,5 %**

Die dichte Atmosphäre auf der Venus enthält etwa 100-mal so viel Gas wie die Erdatmosphäre und viele Wolken.

Erde

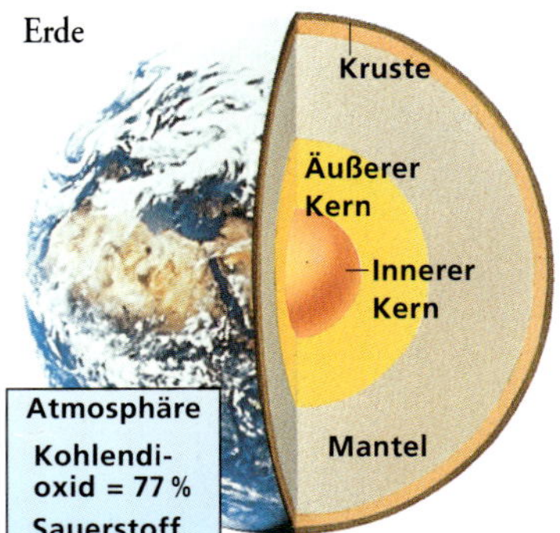


**Atmosphäre**
**Kohlendioxid = 77 %**
**Sauerstoff = 21 %**
**Wasserdampf = 1 %**
**Andere Gase = 1 %**

Die Erdatmosphäre enthält Wolken aus Wasserdampf und besitzt eine Schicht aus Ozongas.

Mars

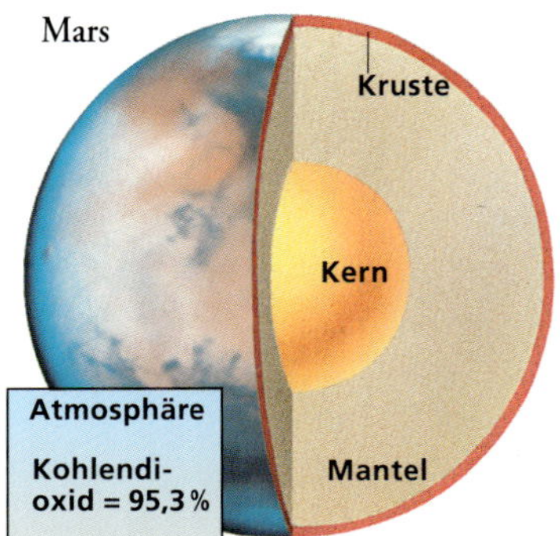


**Atmosphäre**
**Kohlendioxid = 95,3 %**
**Stickstoff = 2,7 %**
**Argon = 1,6 %**
**Andere Gase = 0,4 %**

Die Marsatmosphäre ist 100-mal dünner als die Erdatmosphäre. Es wehen starke Winde.

### Von Vulkanen geformt

Alle Gesteinsplaneten und der Mond haben einen schweren Kern aus Gestein oder Eisen. Eine Schicht aus leichterem Gestein, der sogenannte Mantel, umgibt den Kern. Eine kilometerdicke harte Kruste aus festem Gestein bildet die äußere Hülle.

Einst gab es auf allen inneren Planeten und dem Mond aktiven Vulkanismus, wobei aus tiefen Spalten in der Kruste vom darunterliegenden Mantel heißes, geschmolzenes Gestein als Lava nach oben strömte. Der Mond, Merkur und Mars haben sich abgekühlt und sind erstarrt. Die Vulkane auf der Erde und der Venus jedoch stoßen immer noch Lava, Asche und Gas aus. Über Jahrmilliarden andauernde Vulkanausbrüche führten dazu, dass Gas aus dem Planeteninneren an die Oberfläche entwich, und so entstanden die Atmosphären von Erde, Venus und Mars. Durch die Pflanzen- und Tierwelt jedoch änderte sich die Erdatmosphäre während der letzten 3,5 Milliarden Jahre gewaltig.

Der Mond

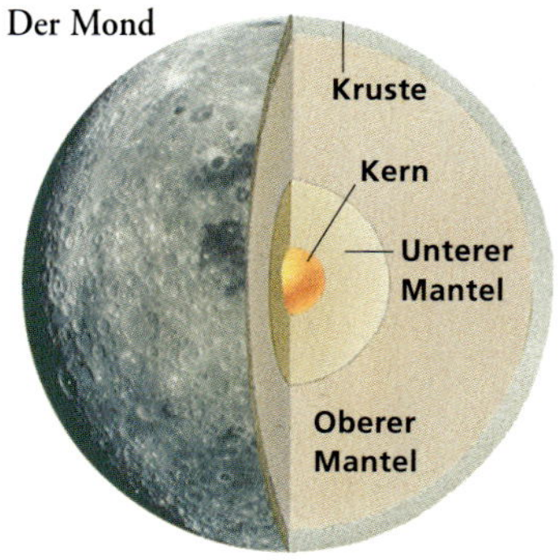


Der Erdmond hat keine Atmosphäre.

**Riesige Vulkane**
Venus, Erde und Mars haben alle Vulkanberge, aber die auf dem Mars sind am größten. Der Mars ist kleiner als die Erde oder die Venus, daher ist seine Schwerkraft geringer und es können sich höhere Berge bilden. Außerdem ist seine Kruste unbeweglich, sodass Vulkanausbrüche immer wieder an der gleichen Stelle stattfinden und jeder Lavastrom sich auf dem vorherigen ergießt. Mars hat den höchsten Vulkan im Sonnensystem, den Olympus Mons.

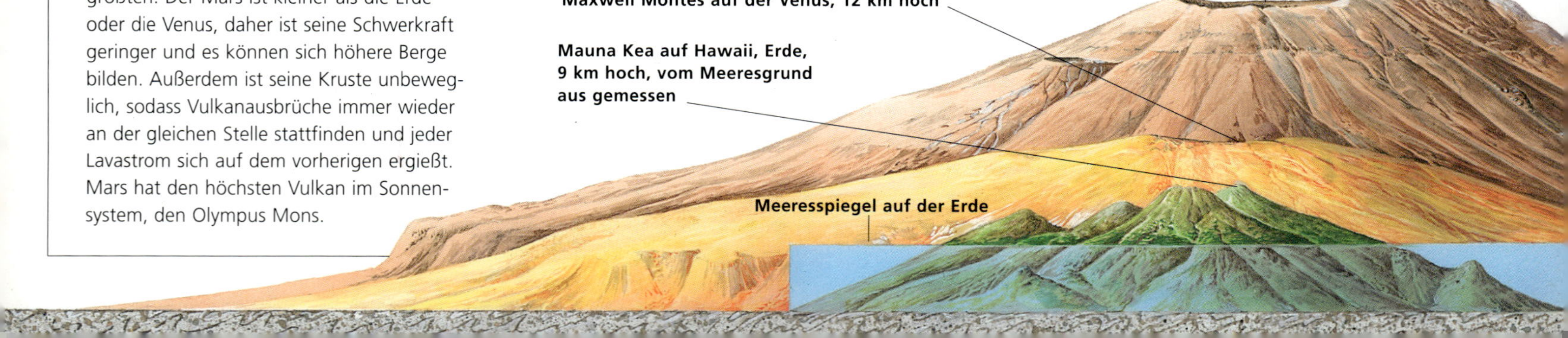

# Merkur

Merkur ist nach Pluto der kleinste Planet im Sonnensystem und auch der sonnennächste. Das heißt, dass er sehr viel schneller um die Sonne läuft als jeder andere Planet. Aber er rotiert relativ langsam um seine Achse. Merkur braucht fast 59 Erdtage für eine Umdrehung. Während zwei Sonnenumläufen dreht er sich nur dreimal um sich selbst. Das hat seltsame Auswirkungen auf seine Tageslänge: Zwischen zwei Sonnenaufgängen, also einem Merkurtag, vergehen zwei Merkurjahre.

Merkur ist einer der kraterreichsten Körper im Sonnensystem. Seine Oberfläche entstand durch Einschläge und Vulkanausbrüche. Einige Zeit, nachdem sich die meisten Krater gebildet hatten, schrumpfte Merkur beim Abkühlen seiner Oberfläche ein wenig, was an einigen Stellen zu Faltenbildungen in seiner Kruste führte.

△ **Die Merkuroberfläche**
Von Kratern übersät, sieht Merkur dem Erdmond sehr ähnlich. Dieses Foto ist eines der über 10 000 Bilder, die die Raumsonde *Mariner 10* in den Jahren 1974 und 1975 aufnahm.

▷ **Calorisbecken**
Die »Wellen« im oberen Teil dieses Bildes gehören zu den Überresten des größten Einschlags auf Merkur. Das so genannte Calorisbecken hat 1300 km Durchmesser und wird von 1,6 km hohen Bergen umgeben.

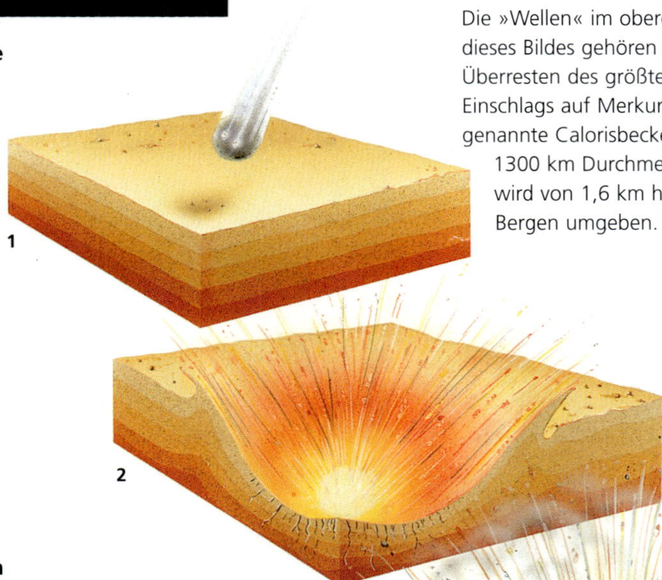

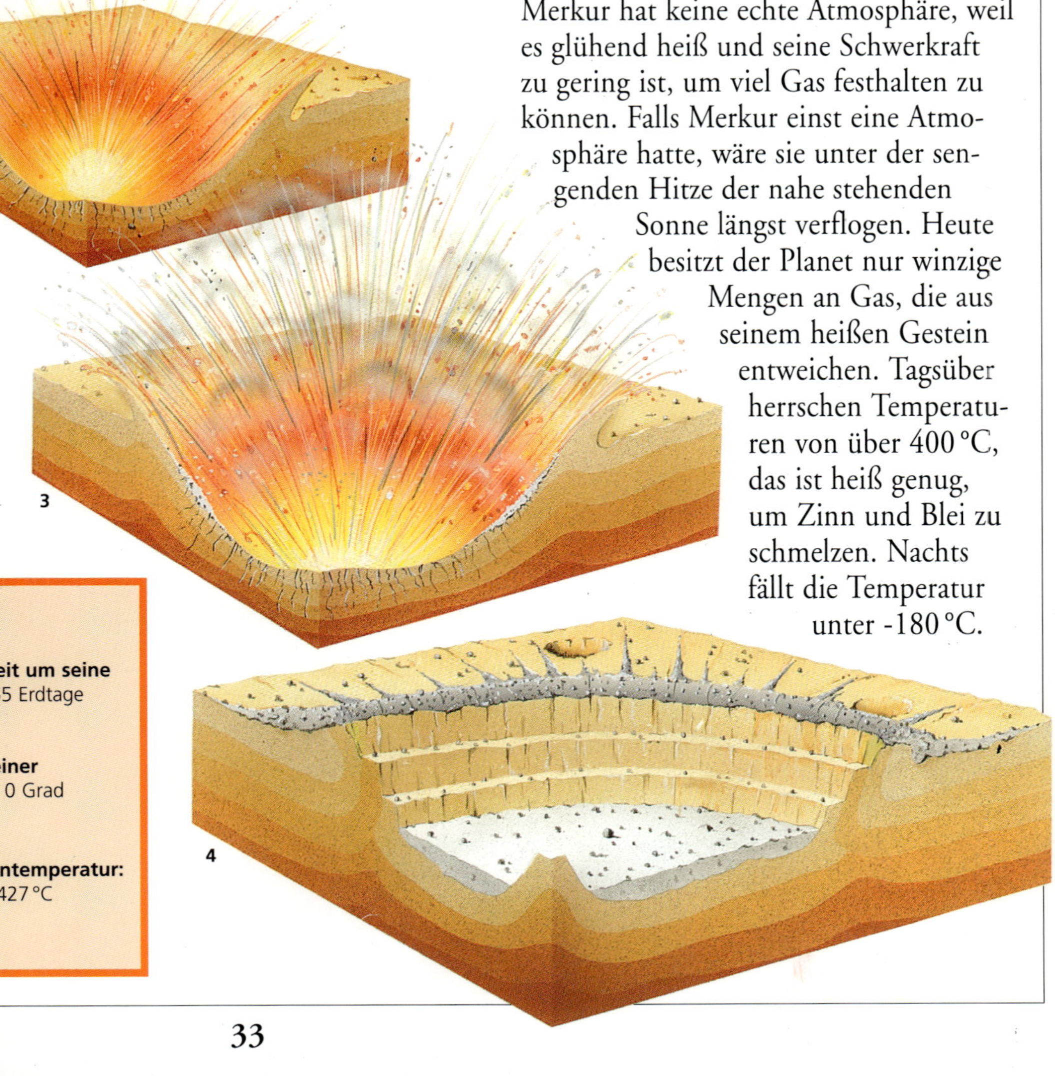


## Einschlagkrater

**Die Bildung von Kratern**
**1** Die runden Krater auf der Oberfläche von Planeten und Monden entstanden meist durch einen Einschlag eines Körpers, beispielsweise eines Kometen oder großen Meteoriten (Gesteinsbrocken aus dem Weltraum). **2** Die Wucht des Einschlags lässt den Körper wie eine Bombe explodieren. **3** Bruchstücke aus Gestein werden nach oben aus dem Krater geschleudert. **4** Ein Gesteinsschauer fällt zurück, teilweise in den Krater, teilweise baut sich ein kreisförmiger Wall um ihn herum auf.

## Ein ausgedörrter Planet

Merkur hat keine echte Atmosphäre, weil es glühend heiß und seine Schwerkraft zu gering ist, um viel Gas festhalten zu können. Falls Merkur einst eine Atmosphäre hatte, wäre sie unter der sengenden Hitze der nahe stehenden Sonne längst verflogen. Heute besitzt der Planet nur winzige Mengen an Gas, die aus seinem heißen Gestein entweichen. Tagsüber herrschen Temperaturen von über 400 °C, das ist heiß genug, um Zinn und Blei zu schmelzen. Nachts fällt die Temperatur unter -180 °C.

### MERKUR IN ZAHLEN

**Äquatordurchmesser:** 4878 km

**Rotationszeit um seine Achse:** 58,65 Erdtage

**Masse (die Materiemenge, die er enthält):** 0,055 Erdmassen

**Neigung seiner Drehachse:** 0 Grad

**Volumen (den Raum, den er einnimmt):** 0,056 Erdvolumina

**Oberflächentemperatur:** -183 °C bis 427 °C

**Wolkenreiche Atmosphäre**
Dieses Bild der Raumsonde *Pioneer Venus* von 1978 zeigt dicke umherwirbelnde Wolken in den oberen Schichten der Venusatmosphäre. Die Wolken sind 30 km dick, bestehen hauptsächlich aus Säuretropfen und verbergen die Venusoberfläche.

# Venus – die Gluthölle

Mit weniger als 45 Millionen km kommt die Venus der Erde näher als jeder andere Planet. Ihre Wolken reflektieren das Sonnenlicht kräftig, sodass sie strahlend hell erscheint und leicht am Himmel gefunden werden kann. Monatelang strahlt sie als hellstes Gestirn am westlichen Abendhimmel und wir nennen sie den »Abendstern«. Dann wandert sie auf die Sonne zu und erscheint anschließend für viele Monate als »Morgenstern« vor Sonnenaufgang am östlichen Himmel.

Venus ist von der Sonne aus gesehen der zweite Planet und sie ist nur geringfügig kleiner als die Erde. Die Venus braucht für eine Rotation um ihre Achse 243 Tage, das ist der längste »Tag« eines Planeten im Sonnensystem.

## Lebensfeindliche Atmosphäre und vulkanische Oberfläche

Venus hat eine extrem heiße und trockene Atmosphäre, die etwa 100-mal mehr Gas enthält als die Erdatmosphäre. Auf der Venus ist der Atmosphärendruck (das Gewicht, mit der die Atmosphäre auf die Planetenoberfläche drückt) 90-mal höher als auf der Erde. Die Atmosphäre besteht vor allem aus Kohlendioxid, einem Gas, das die Sonnenwärme festhält und für eine Oberflächentemperatur auf der Venus von glühenden 480 °C sorgt.

Trotz der dichten Atmosphäre gibt es kaum Wind, der die Berge, Vulkane und Krater abtragen könnte, daher hat sich deren Erscheinungsbild seit Jahrmillionen nicht verändert. Auf der Venus gibt es mehrere hunderttausend Vulkane. Ein paar sind sehr groß, aber die meisten haben etwa 3 km Durchmesser und sind rund 1000 m hoch.

Die dünne Gesteinshaut der Venus bricht an vielen Stellen auf. Die vulkanische Oberfläche wurde von Meteoriten bombardiert. Es gibt nur sehr wenige Krater mit weniger als 10 km Durchmesser, weil kleinere Felsbrocken vor ihrem Aufprall von der Venusatmosphäre entweder abprallen, abgebremst werden oder in der dichten Atmosphäre verglühen, ehe sie auf die Oberfläche treffen. Aber auch die größeren Krater sind anders als auf dem Mond oder Merkur. Dies kommt daher, weil viele der Krater, die bei der Entstehung des Sonnensystems durch Einschläge großer Gesteinsbrocken gebildet wurden, inzwischen von vulkanischen Lavaströmen bedeckt wurden.

23 Raumsonden flogen schon zur Venus. Russische Weltraumforscher ließen acht davon auf der Oberfläche landen. Die Sonden konnten Bilder von der Oberfläche zurücksenden und Gesteinsproben nehmen, bevor ihre Instrumente unter der enormen Hitze und dem Druck kaputtgingen.

### VENUS IN ZAHLEN

**Äquatordurchmesser:** 12.104 km

**Rotationszeit um ihre Achse:** 243,16 Erdtage

**Masse (die Materiemenge, die sie enthält):** 0,815 Erdmassen

**Neigung ihrer Drehachse:** 178 Grad

**Volumen (den Raum, den sie einnimmt):** 0,86 Erdvolumina

**Durchschnittstemperatur:** Wolkenobergrenze: -33 °C, Oberfläche: 480 °C

△ **Treibhauseffekt auf der Venus**
Ein Teil des Sonnenlichts durchdringt die Wolken der Venus. Es heizt die Atmosphäre und das Oberflächengestein auf. Die Wärme, die von den Felsen abgegeben wird, kann nicht in den Weltraum entweichen, weil die Atmosphäre wie eine dicke Decke wirkt. Dadurch bleibt die Oberflächentemperatur der Venus sehr hoch.

# Die *Magellan*-Mission

Da die Venusoberfläche hinter den Wolken verborgen bleibt, brachte man die Raumsonde *Magellan* in eine Umlaufbahn um den Planeten, damit sie mithilfe eines Radars eine Karte der Oberfläche erstellte. *Magellan* schickte Radarpulse zur Venusoberfläche und die reflektierten Pulse zurück zur Erde. Daraus berechnete ein Computer, wie die Venusoberfläche aussehen muss. Bei jedem Umlauf um den Planeten kartographierte *Magellan* einen 24 km breiten und 10.000 km langen Streifen. Es dauerte drei Jahre, bis ein vollständiges Bild der Venuswelt unter den Wolken aufgenommen war. Die Raumsonde wurde nach dem portugiesischen Entdecker Ferdinand Magellan benannt.

**Kartographie der Oberfläche**
*Magellan* wurde mit der Raumfähre Atlantis im Mai 1989 gestartet. Als *Magellan* über der Venusoberfläche war, sorgten kleine Gasströme aus Steuerdüsen dafür, dass die Sonde immer genau senkrecht nach unten auf den Planeten ausgerichtet war. Die Radarantenne schickte Radarimpulse hin und her. Der Höhenmesser bestimmte die Höhe der Sonde über der Venus.

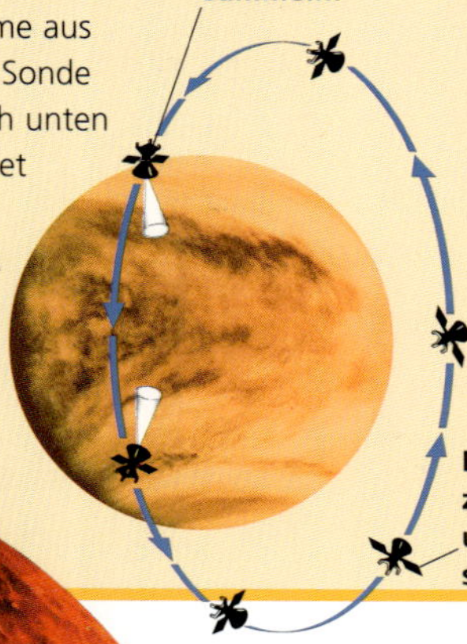


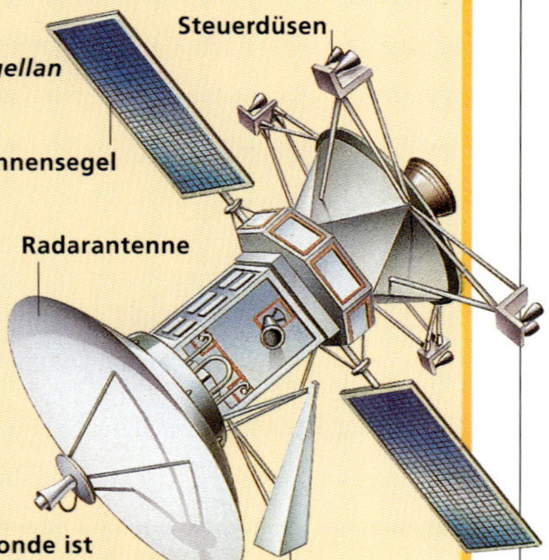

▷ **Radarkarte**
Diese Gesamtansicht einer Venushälfte stammt von der Raumsonde *Magellan*. Hochländer und Gebirgsregionen sind gelb, während niedrig gelegene Ebenen orange und braun dargestellt sind.

◁ **Oberfläche der Venus**
Dieses Bild der Venusoberfläche errechnete der Computer aus den Radarkarten von *Magellan*, ebenso wie die Aufnahme oben. Der größere Berg auf dem Foto ist Gula Mons mit 3 km Höhe. Auf der gesamten Venus erstrecken sich große Lavaströme in alle Richtungen. Die Vulkane stießen auch Säurewolken in die Atmosphäre aus.

## Oberflächenphänomene

▽ **Krater, Vulkane und Gebirge**
Vulkane sind auf der Venus weit verbreitet. Ständige Lavaströme bauten Schildvulkane auf, wohingegen die pfannkuchenförmigen Kugelvulkane (die es nur auf der Venus gibt) bei je einer einzigen Eruption von sehr zähflüssiger Lava entstanden sind. Faltengebirge erhoben sich dort, wo sich die Planetenkruste bewegte und Falten warf. Auf dem Planeten gibt es auch nahezu 900 Einschlagkrater von 1,6 bis 250 km Durchmesser.

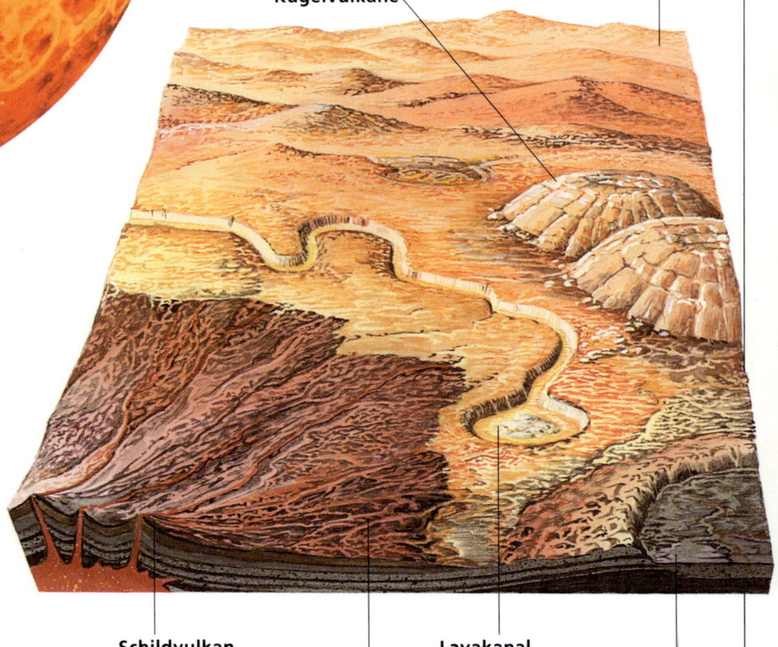

# Erde – der lebendige Planet

Der Planet Erde, auf dem wir leben, besitzt eine dichte Atmosphäre und riesige Wasservorkommen, um Flüsse, Ozeane und Wolken zu bilden. Die Atmosphäre wirkt wie eine Decke, die den Planeten warm hält. Sie erhöht die Temperatur auf der Oberfläche auf 30 °C. Ohne die Atmosphäre würden die Ozeane gefrieren. Die Erde ist der einzige Planet, wo flüssiges Wasser auf der Oberfläche vorkommt, und sie ist, soweit wir das sagen können, der einzige Platz im Universum, auf dem es Leben gibt. Die Wärme und das Licht von der Sonne ermöglichen zusammen mit dem Wasser das Leben auf der Erde. Im Laufe von Jahrmilliarden hat sich der Planet in eine Welt verwandelt, in der hoch entwickelte Tiere und Menschen leben können.

## Carl Sagan

Der amerikanische Astronom Carl Sagan (1934-1996) war ein Experte für Planetenatmosphären. Besonders interessierte ihn die Möglichkeit, ob Leben auch auf anderen Planeten existieren könnte. Sagan hatte die Idee, eine Tafel mit einer Botschaft von der Erde auf der Raumsonde *Pioneer 10* anzubringen, die 1973 zum Jupiter flog, dann weiter zum Rande des Sonnensystems und hinaus in den Weltraum. Die gleiche Tafel wurde auch ein Jahr später der Sonde *Pioneer 11* mitgegeben.

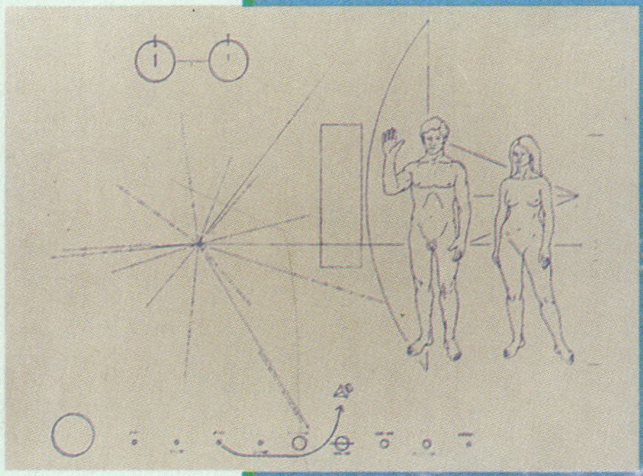

**Carl Sagan *(oben)* und die Botschaft über die Erde *(rechts)*, die von *Pioneer 10* und *Pioneer 11* in den Weltraum gebracht wurde.**

### Ein bewohnbarer Planet

Die Erde besaß schon bald nach ihrer Entstehung eine Atmosphäre aus Kohlendioxid, Wasserdampf und Stickstoff, die durch die Vulkane freigesetzt wurden. Allmählich kühlte sich die Erde ab und aus dem Wasserdampf wurde Regen. Aus dem Regen bildeten sich vermutlich die Ozeane, die heute drei Viertel der Erdoberfläche bedecken. Die ersten primitiven Lebensformen entstanden in den Meeren vor etwa vier Milliarden Jahren.

Die Meerestiere nutzten Kohlendioxid zum Aufbau ihres Skeletts. Die Pflanzen benutzten ebenfalls Kohlendioxid und gaben Sauerstoff an die Luft ab. Vor etwa zwei Milliarden Jahren hatten die Meerestiere und Pflanzen fast alles Kohlendioxid aus der Luft entfernt und große Mengen Sauerstoff erzeugt. Wenn sie dies nicht getan hätten, wäre die Erde aufgrund des Kohlendioxids kochend heiß und wir hätten keinen Sauerstoff zum Atmen. Etwa 50 km über der Erdoberfläche blockiert ein besonderer Sauerstoff, das Ozon, gefährliche Sonnenstrahlen.

Das Erdinnere besteht aus heißem flüssigem Gestein und Eisen, das sich

**Luft und Wasser**
Die Luft auf der Erde ist ständig in Bewegung und erzeugt Winde und Stürme *(siehe oben rechts)*. Die Gravitationskräfte von Mond und Sonne verursachen die Gezeiten, die den Meeresspiegel zweimal am Tag heben und senken. Wenn es bei Flut zu starkem Sturm kommt, peitschen gewaltige Wellen auf und schlagen mit zerstörerischer Kraft an die Küsten.

◁ ▽
**Naturgewalten**
Das Wetter auf der Erde und ihr flüssiges Inneres machen sie zum veränderlichsten Planeten im Sonnensystem. Starke Stürme können riesige Überschwemmungen verursachen und Milliarden Tonnen von Gestein und Land bewegen. Die Wassermassen bei Überschwemmungen tragen schnell Land ab und befördern Boden und Gestein in die Ozeane. Noch dramatischer sind Vulkane *(unten)* und Erdbeben, die durch Bewegungen in den Gesteinsplatten der Erdkruste ausgelöst werden. Vulkanausbrüche erzeugen neues Land aus Lava und Asche und bringen Wasserdampf, Kohlendioxid und giftige Gase in die Atmosphäre. Erdbeben sind manchmal so heftig, dass sich riesige Spalten im Boden auftun.

△ **Sicht aus dem Weltraum**
Dies Satellitenbild von der Erde zeigt Wolkenmuster in ihrer Atmosphäre, die hauptsächlich aus Stickstoff besteht. Da die Erde die Gestalt einer Kugel hat und ihre Achse geneigt ist, werden einige Teile ihrer Oberfläche von der Sonne stärker erwärmt als andere. Dies führt dazu, dass der Planet von Bändern mit warmer aufsteigender Luft und kühler absteigender Luft umgeben ist, die unser Wetter mit Wolken und Wind erzeugen.

ständig bewegt. Die Kontinente und Meeresböden der Erdoberfläche liegen auf riesigen Platten, die auf dem flüssigen Gestein darunter schwimmen. Ihre langsamen Bewegungen, die so genannte Kontinentaldrift, führen dazu, dass große Teile der Erdkruste zusammenstoßen. An diesen Stellen entstehen riesige Gebirgskämme und Bergketten. Manchmal driften die Platten auseinander, sinken ab und bilden über weite Entfernungen hinweg tiefe Gräben.

## Die »Zone des Lebens«

Viele Lebewesen haben sich auf der Erde erfolgreich entwickeln können, weil unser Planet genau die richtige Menge Wärme von der Sonne bekommt, sodass ein Großteil seiner Oberfläche weder zu kalt noch zu heiß ist. Alles Leben braucht flüssiges Wasser, doch es würde verdampfen, wenn die Erde zu heiß werden würde, oder zufrieren, wenn die Temperatur zu stark abfallen würde. Die Entfernung zur Sonne bestimmt die Temperatur eines Planeten.

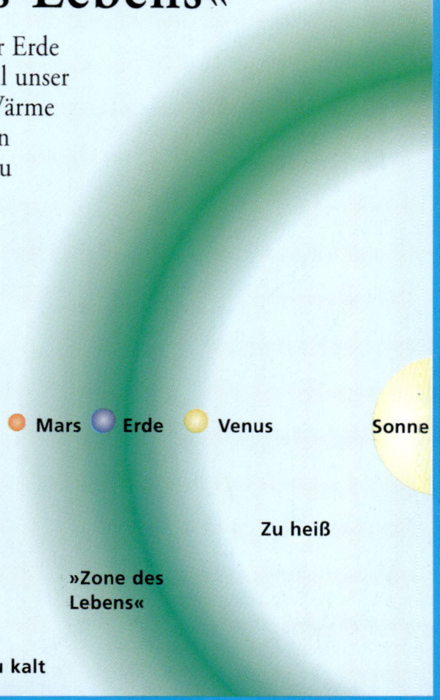


**Nicht zu heiß und nicht zu kalt**
Nur die Erde liegt in der »Zone des Lebens«, wo aufgrund der Temperatur flüssiges Wasser existieren kann. Auf Venus und Mars, die an den äußersten Rändern dieser Zone liegen, gab es einst Wasser, aber es ging vor langer Zeit verloren.

### ERDE IN ZAHLEN

**Äquatordurchmesser:** 12.756 km

**Neigung ihrer Drehachse:** 23,44 Grad

**Rotationszeit um ihre Achse:** 23,93 Stunden

**Durchschnittliche Oberflächentemperatur:** 22 °C

# Der Mond

Als nächster Nachbar der Erde im Weltraum ist der Mond die einzige andere Welt, die die Menschen besucht haben. Astronauten spüren auf dem Mond nur ein Sechstel ihres normalen Gewichts, da die Schwerkraft dort viel schwächer ist als auf der Erde. Sie ist sogar zu schwach, um Gase am Entweichen in den Weltraum zu hindern, deshalb ist der Mond eine tote Welt. Es gibt keine Luft, kein flüssiges Wasser und kein Wetter. Berge, Krater, Lava und Staub haben sich über Millionen Jahre hinweg kaum verändert. Auf der Tagseite steigt die Temperatur auf dem Mond über den Siedepunkt des Wassers. Während der Nacht, die 14 Erdtage andauert, sinkt sie auf -185 °C ab.

△ **Mondkrater**
So sahen Apollo-Astronauten den Krater Eratosthenes, der 58 km Durchmesser hat. Seine Ränder sind zusammengefallen und bilden Terrassen. Die Sonne steht tief am Himmel und die Kraterränder werfen lange, tiefe Schatten.

### Gebirge und »Meere«

Mondgestein und Bodenproben wurden von den US-Apollo-Astronauten und drei russischen Luna-Sonden zur Erde gebracht. Sie zeigen, dass der Mond vor etwa 4,6 Milliarden Jahren entstanden ist. Anders als auf der Erde, wo einige Berge die jüngsten Landformen sind, sind die Mondberge die ältesten Teile auf seiner Oberfläche. Nachdem die Berge entstanden sind, wurde der Mond von Meteoriten und Asteroiden bombardiert. Die größten durchschlugen das Oberflächengestein bis zum Inneren,

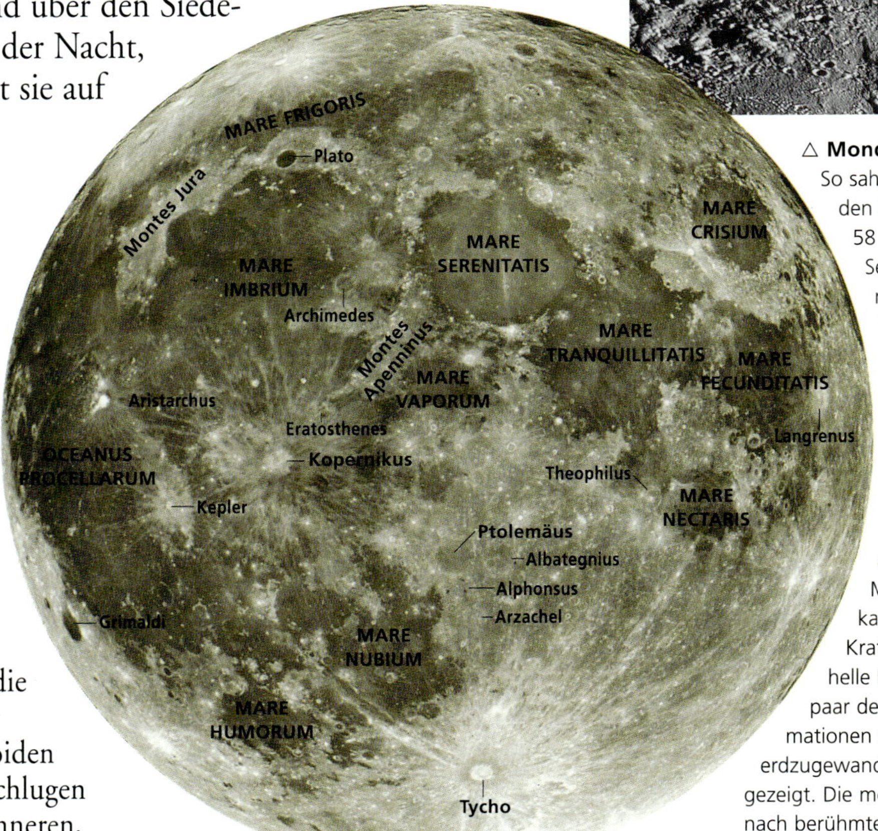


◁ **Sehenswertes auf dem Mond**
Mit einem Fernglas kannst du auf dem Mond Krater, dunkle Ebenen und helle Bergregionen sehen. Ein paar der leicht erkennbaren Formationen sind auf diesem Bild der erdzugewandten Seite des Mondes gezeigt. Die meisten Mondkrater sind nach berühmten Astronomen oder anderen Wissenschaftlern benannt.

## Apollo-Missionen zum Mond

**Die Mondlandungen**
Sechs Apollo-Raumschiffe mit je zwei Astronauten landeten zwischen 1969 und 1972 auf dem Mond. Die Raumfahrzeuge wurden von der Erde mit den *Saturn-V*-Raketen gestartet, sie bestanden aus dem Kommando- und dem Servicemodul (beide zusammen als CSM bezeichnet) und dem Lunarmodul (LM).

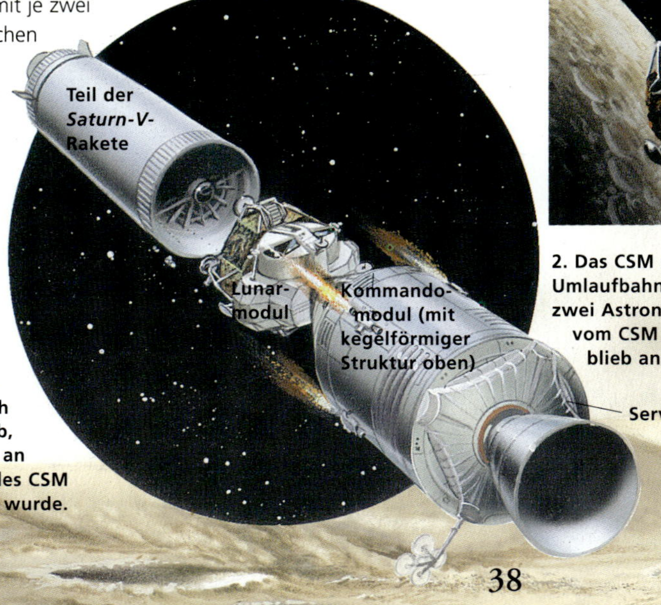


**1. Das CSM mit drei Astronauten an Bord trennte sich von der *Saturn-V*-Rakete ab, drehte sich um und dockte an das LM an, das unterhalb des CSM in der Rakete transportiert wurde.**

**2. Das CSM und das LM flogen in eine Umlaufbahn um den Mond. Das LM mit zwei Astronauten an Bord trennte sich vom CSM ab. Der dritte Astronaut blieb an Bord des CSM im Orbit.**

**3. Das LM zündete Raketentriebwerke zum Abbremsen während des Landemanövers auf der Mondoberfläche.**

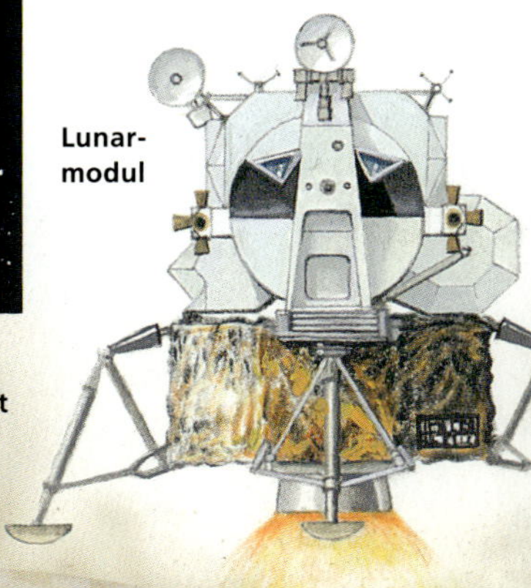

was damals flüssig war. Heiße Lava strömte aus und bedeckte weite Tieflandgebiete auf der Oberfläche. Die Astronomen nennen die neueren dunklen, flachen Gebiete Mare, das lateinische Wort für »Meere«, obwohl sie jetzt aus festem Gestein bestehen. Aktiver Vulkanismus hörte auf dem Mond vor ca. drei Milliarden Jahren auf. Der Mond kühlte ab und verfestigte sich im Inneren fast vollständig. Der Erde wendet der Mond immer die gleiche Seite zu, jedoch zeigen Fotografien von Raumschiffen, dass die Seite, die wir nicht sehen können, größtenteils aus kraterübersätem Gebirge besteht.

## Staub und Krater

Die Astronauten entdeckten, dass die Mondoberfläche mit einer Staubschicht bedeckt ist. Jedes Mal, wenn ein Meteorit den Mond trifft, zerbröselt ein Stückchen seiner Oberfläche in noch feineren Staub. All die Krater, die wir auf dem Mond sehen, stammen von Einschlägen. Manche sind sehr groß. Tycho hat 85 km Durchmesser und einen 2,3 km hohen Berg in der Mitte. Kopernikus ist 93 km groß. Der größte Krater, Bailly, misst 295 km. Kleinere Krater sind viel häufiger. Der Mond hat wahrscheinlich während der letzten Million Jahre drei oder vier neue Krater dazubekommen, jeder mit knapp 2 km Durchmesser.

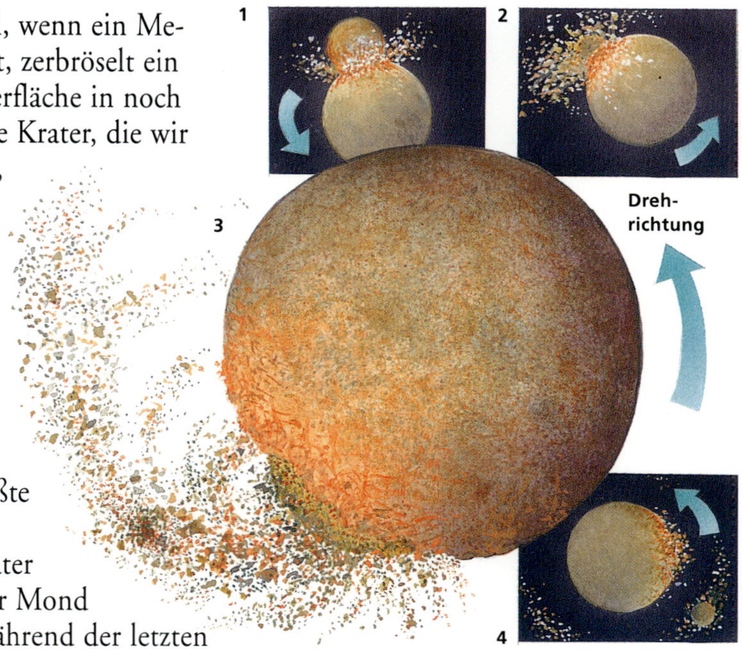


**Woher kam der Mond?**
Kurz nach der Entstehung der Erde könnte diese von einem anderen Gesteinsplaneten von der Größe des Mars getroffen worden sein (1). Gestein aus den äußeren Schichten der Erde und dem Körper, der sie traf, wurden zu einem großen Trümmerhaufen zerschlagen (2 und 3). Manche der Stücke klumpten zusammen und bildeten den Mond (4).

**Die Mondoberfläche**
Ein Astronaut nahm Gesteinsproben während der *Apollo-17*-Mission. Das Mondauto *(in der Mitte)* diente zum Herumfahren. Der Himmel ist auch bei Tag schwarz, da es keine Atmosphäre gibt, die das Sonnenlicht streut und für einen hellen, farbigen Himmel sorgen könnte.

**4. Um den Mond zu verlassen, flogen die Astronauten mit dem oberen Teil des LM zurück in den Orbit.**

**5. Das LM dockte an das CSM an, das alle drei Astronauten zurück zur Erde brachte.**

**6. Das Kommandomodul mit den Astronauten trennte sich erst kurz vor dem Eintritt in die Erdatmosphäre vom Servicemodul. Es landete planmäßig im Ozean.**

## MOND IN ZAHLEN

**Durchmesser:** 3476 km

**Mittlere Entfernung von der Erde:** 384.400 km

**Masse (die Materiemenge, die er enthält):** 0,0123 Erdmassen

**Volumen (den Raum, den er einnimmt):** 0,0203 Erdvolumina

**Rotationszeit um seine Achse:** 27,32 Erdtage

**Temperatur:**
maximal 110 °C
minimal -185 °C

# Mars – der Rote Planet

Von allen Planeten ist Mars der Erde am ähnlichsten. Feine Wolken und Dunstschleier bilden sich in seiner dünnen Atmosphäre und Winde wirbeln Staub über seine wüstenähnliche Landschaft. Da seine Achse um etwa den gleichen Winkel geneigt ist wie die Erdachse, gibt es auf dem Mars ähnliche, wenn auch längere Jahreszeiten. Der Marstag, »Sol« genannt, ist nur unwesentlich länger als 24 Stunden. Die zwei Pole sind immer mit Eis bedeckt, dieses wächst und schmilzt entsprechend den Jahreszeiten. Aber es gibt auf dem Mars keine Meere oder Flüsse. Wegen der Kälte und der dünnen Atmosphäre kann dort kein flüssiges Wasser existieren.

**Das Marswetter**
Das Hubble-Weltraumteleskop nahm diese Bilder vom Mars am 9., 10. und 11. Juli 1997 auf. Auf ihnen sieht man sich verändernde Wolken aus Eiskristallen nahe dem Nordpol und Staubwolken genau nördlich des Landeplatzes von *Pathfinder* (grüne Kreuze).

## Ein trockener, lebloser Ort

Der Großteil der Südhalbkugel des Mars besteht aus kraterreichen Berglandschaften. Auf der restlichen Oberfläche gibt es Ebenen aus Vulkanlava. In der so genannten Region Tharsis bedecken vier riesige erloschene Vulkane eine große Ausbuchtung in der Marsoberfläche. Als diese Ausbuchtung anwuchs, brach eine riesige Spalte in der Kruste auf. Sie heißt Valles Marineris und ist so lang, dass sie sich quer über ganz Europa erstrecken würde.

Die Landefähren der *Viking*- und *Pathfinder*-Sonden schickten Bilder der Marsoberfläche zur Erde. Auf ihnen sieht man Landschaften, übersät mit Felsbrocken und einer Schicht aus eisenhaltigem, rötlichem Staub.

Durch Regenfälle und Fluten bildeten sich vor langer Zeit heute trockene Flussläufe. Das Klima hat sich seither dramatisch geändert. Als der Mars entstand, muss er eine dichtere Atmosphäre gehabt haben, aber das Gas entwich allmählich wegen der nicht sehr starken Gravitationskraft. Als sich die Atmosphäre verdünnte, wurde es kälter und alles verbliebene Wasser gefror. Es hat seit etwa drei Milliarden Jahren nicht mehr auf dem Mars geregnet.

△ **Eine narbige Oberfläche**
Diese Gesamtansicht des Mars wurde zusammengesetzt aus vielen Bildern, die die Raumsonde *Viking* zwischen 1976 und 1980 machte. Die riesige Schlucht, das Valles Marineris, erstreckt sich über ein Viertel des Planeten.

### MARS IN ZAHLEN

- **Äquatordurchmesser:** 6794 km
- **Rotationszeit um seine Achse:** 24,6 Stunden
- **Masse (die Materiemenge, die er enthält):** 0,107 Erdmassen
- **Neigung seiner Drehachse:** 27 Grad
- **Volumen (den Raum, den er einnimmt):** 0,150 Erdvolumina
- **Oberflächentemperatur:** +25 °C bis -140 °C

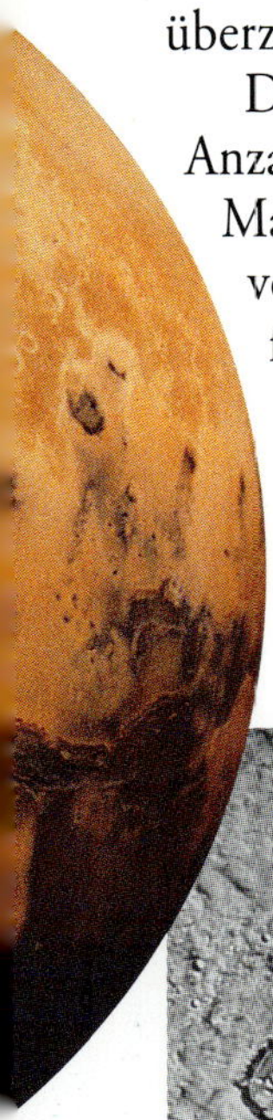

An manchen Stellen auf dem Mars ist es so kalt, dass das Kohlendioxid in der Atmosphäre in Trockeneiskristalle gefror. Die Polkappen dehnen sich im Winter aus, da eine Schicht aus Trockeneis das normale Wassereis überzieht.

Die *Viking*-Sonden führten eine Anzahl von Experimenten auf dem Marsboden durch, um nach Spuren von Leben zu suchen – aber sie fanden keine. Trotzdem könnte es irgendwo auf dem Mars Mikroorganismen geben – oder vielleicht in der Vergangenheit gegeben haben, als der Planet wärmer und feuchter war.

## Percival Lowell

Percival Lowell (1855-1916), ein reicher Geschäftsmann, baute sein eigenes Observatorium in Flagstaff, Arizona, auf. Er glaubte, dass er ein Netz aus sich kreuzenden Linien auf dem Mars sehen konnte, und dachte, dies wären riesige Kanäle, die von einer intelligenten Bevölkerung zum Wassertransport gebaut wurden. Viele Leute glaubten seiner Theorie, dass der Mars wahrscheinlich bewohnt sei. 1897 legte der Schriftsteller H.G. Wells diese Theorie seiner Geschichte »Krieg der Welten« zugrunde. Heute wissen wir, dass die Linien, die Lowell zu sehen glaubte, nicht wirklich existieren.

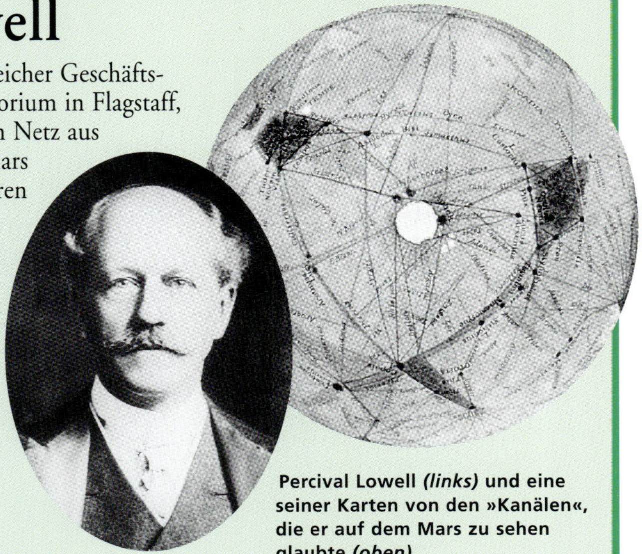

**Percival Lowell *(links)* und eine seiner Karten von den »Kanälen«, die er auf dem Mars zu sehen glaubte *(oben)*.**

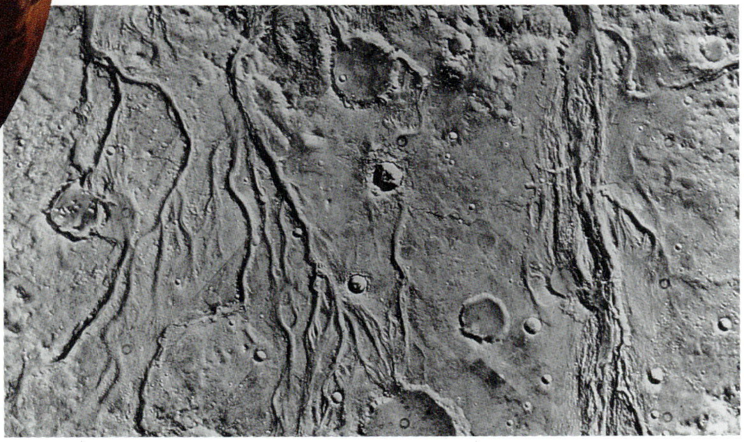

◁ **Ausgetrocknete Flussläufe auf dem Mars**
*Viking-1* landete in dieser Region des Mars, die Chryse Planitia heißt. Die welligen, sich verzweigenden Linien sind alte Flussläufe, die vor etwa drei Milliarden Jahren durch fließendes Wasser entstanden sind, als das Marsklima ganz anders als heute war.

## Die Marsmonde

Mars hat zwei winzige Monde, Phobos und Deimos. Sie wurden 1877 entdeckt und sind vermutlich durch die Schwerkraft des Mars eingefangene Asteroiden. Phobos ist größer und näher am Mars als Deimos. Phobos ist 28 × 20 km groß und umkreist Mars in 7,6 Stunden. Deimos ist 16 × 12 km groß und umkreist Mars in 1,26 Tagen.

Phobos

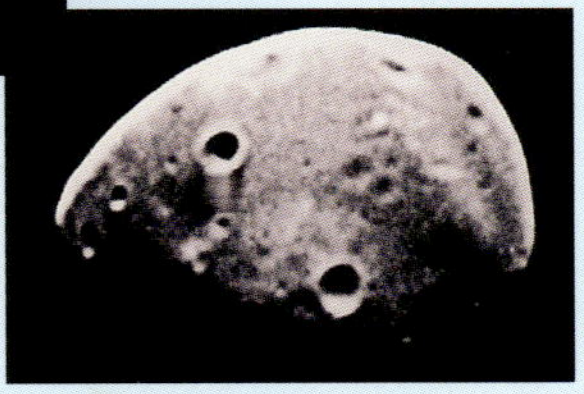

Deimos

**Nahaufnahmen**
Die Fotografien der Marsmonde durch die Raumsonde *Viking-2* zeigen ihre unregelmäßigen, kraterübersäten Oberflächen.

▽ **Die Mars-*Pathfinder*-Mission**
Im Juli 1997 landete die Raumsonde *Pathfinder* auf dem Mars. Ihr freier Fall wurde durch große Airbags abgefedert. Eine Kamera auf der Sonde zeichnete diese Ansicht rund um den Landeplatz auf. An Bord von *Pathfinder* war ein Miniaturauto namens Sojourner *(rechts)*, das von der Erde aus gesteuert wurde und Instrumente zur Untersuchung des Gesteins mit sich trug.

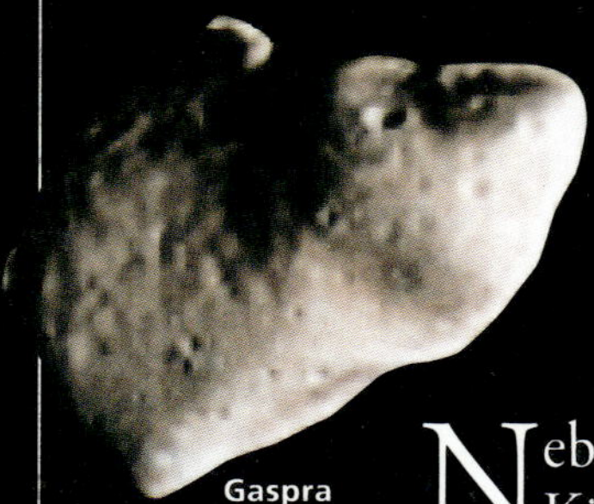


# Asteroiden – die Kleinplaneten

Neben den großen Planeten kreisen auch Tausende kleiner Körper um die Sonne, Asteroiden oder Kleinplaneten genannt. Man kann sie ohne Fernrohr nicht sehen. Ceres wurde als Erster 1801 entdeckt und ist der mit Abstand größte. Sein Durchmesser beträgt 975 km. Die kleinsten Asteroiden sind Brocken mit weniger als einem Kilometer Durchmesser. Die meisten Asteroiden umkreisen die Sonne im Bereich zwischen der Mars- und der Jupiterbahn, dem so genannten Asteroidengürtel. Manche wurden aus dem Gürtel herausgeworfen und bewegen sich nun auf ungewöhnlich lang gezogenen Ellipsen. Einige Asteroiden können sehr nahe an der Erde vorbeiziehen.

△ **Die *NEAR*-Mission und der Asteroid Mathilde**
Der Asteroid Eros ist das Hauptziel der *Near Earth Asteroid Rendezvous (NEAR)*-Mission, aber auf dem Weg dorthin flog *NEAR* nahe an einem anderen Asteroiden, Mathilde, vorbei und sandte Bilder zur Erde. Mathilde besteht aus schwarzem Gestein und hat ca. 52 km Durchmesser.

**Gaspra, Ida und Dactyl**
Auf seiner Bahn zum Jupiter flog die Raumsonde *Galileo* 1991 nahe an Gaspra *(oben links abgebildet)* und 1993 an Ida (links) vorbei. Der Vorbeiflug an Ida zeigte, dass sie einen winzigen Mond besitzt, den man Dactyl *(oben)* taufte. Ida ist 56 km groß, während Dactyl weniger als 1,6 km Durchmesser hat. Gaspra hat eine Länge von 15 km.

## Körper aus Gestein und Metall

Die Asteroiden sind kleine Überbleibsel aus der Zeit der Entstehung des Sonnensystems. Alle zusammengenommen enthalten weniger als ein Tausendstel der Erdmaterie. Die nächstgrößeren Asteroiden nach Ceres sind Pallas und Vesta mit Durchmessern von knapp über 500 km. Raumsonden haben Detailaufnahmen von drei ziemlich kleinen Asteroiden gemacht – Gaspra, Ida und Mathilde. Sie sind unregelmäßig geformte Felsbrocken und übersät mit vielen Kratern, die von Zusammenstößen mit kleineren Gesteinsbrocken stammen.

Die meisten Asteroiden sind sehr dunkel und lichtschwach, andere sind hell. Einige bestehen aus hellfarbigem Gestein und die hellsten von ihnen vorwiegend aus Metall. Das Metall stammt wahrscheinlich aus dem Kern eines sehr kleinen Planeten, der sich im Asteroidengürtel bildete und dann wieder in Einzelteile zerborsten ist.

Ein Asteroid, der sich nahe an der Erde vorbeibewegt, kann für kurze Zeit der unserem Planeten nächste natürliche Körper werden. 1994 zog ein kleiner Felsbrocken von 10 m Durchmesser in nur 105.000 km Entfernung vorbei – das ist weniger als ein Drittel der Entfernung zum Mond.

Einen der ungewöhnlichsten Asteroiden findet man im äußeren Sonnensystem. Der 1977 entdeckte Chiron bewegt sich zwischen der Jupiter- und der Uranusbahn. 1988 überraschte er die Astronomen durch einen plötzlichen Helligkeitsanstieg. Er war von einer Gas- und Staubwolke umgeben, die aus seiner Oberfläche ausgetreten war und ihn wie die Koma eines Kometen verbarg. Chiron scheint ein Mittelding zwischen Komet und Asteroid zu sein. Man fand weitere Asteroiden mit ähnlichen Umlaufbahnen, die als Gruppe der Zentauren bezeichnet werden. Jedoch wurde keiner der anderen heller als Chiron.

## Geheimnisvolle Vesta

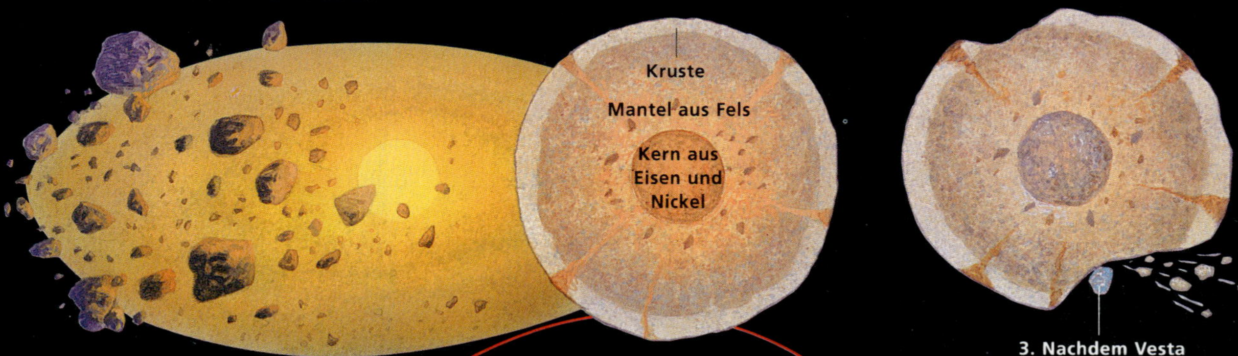


**1. Als das Sonnensystem entstand, vereinigten sich kleine Materieklumpen und bildeten den Asteroiden Vesta, der dabei aufgeheizt wurde.**

**2. Geschmolzenes Eisen und Nickel sanken ins Zentrum des heißen Asteroiden. Lava floss aus dem Inneren durch die Kruste heraus an die Oberfläche.**

**3. Nachdem Vesta abgekühlt war und fest wurde, stürzten andere Felsbrocken auf die Oberfläche und schlugen große Krater in die Kruste, wobei der darunter liegende Mantel freigelegt wurde.**

**◁ Welt der Vesta**
Vesta sieht bei einem Durchmesser von 525 km aus wie die Miniatur eines Gesteinsplaneten. Sie hat einen Kern, einen Mantel und eine Kruste. Es gibt Lavaströme auf ihrer Oberfläche, die vor langer Zeit austraten. Einige Bruchstücke, die von Vesta wegflogen, als andere Felsbrocken auf sie einstürzten, trieben durch das Sonnensystem und fielen als Meteorite auf die Erde.

**Ein Computerbild von Vesta nach Daten des Hubble-Weltraumteleskops**

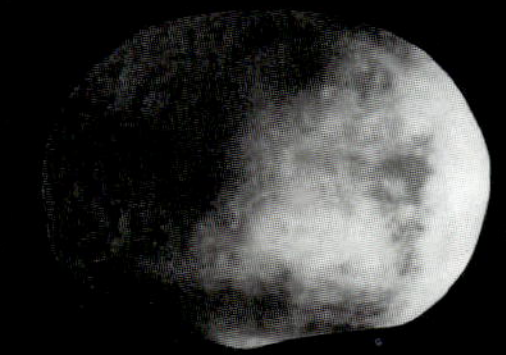

## Asteroidenbahnen

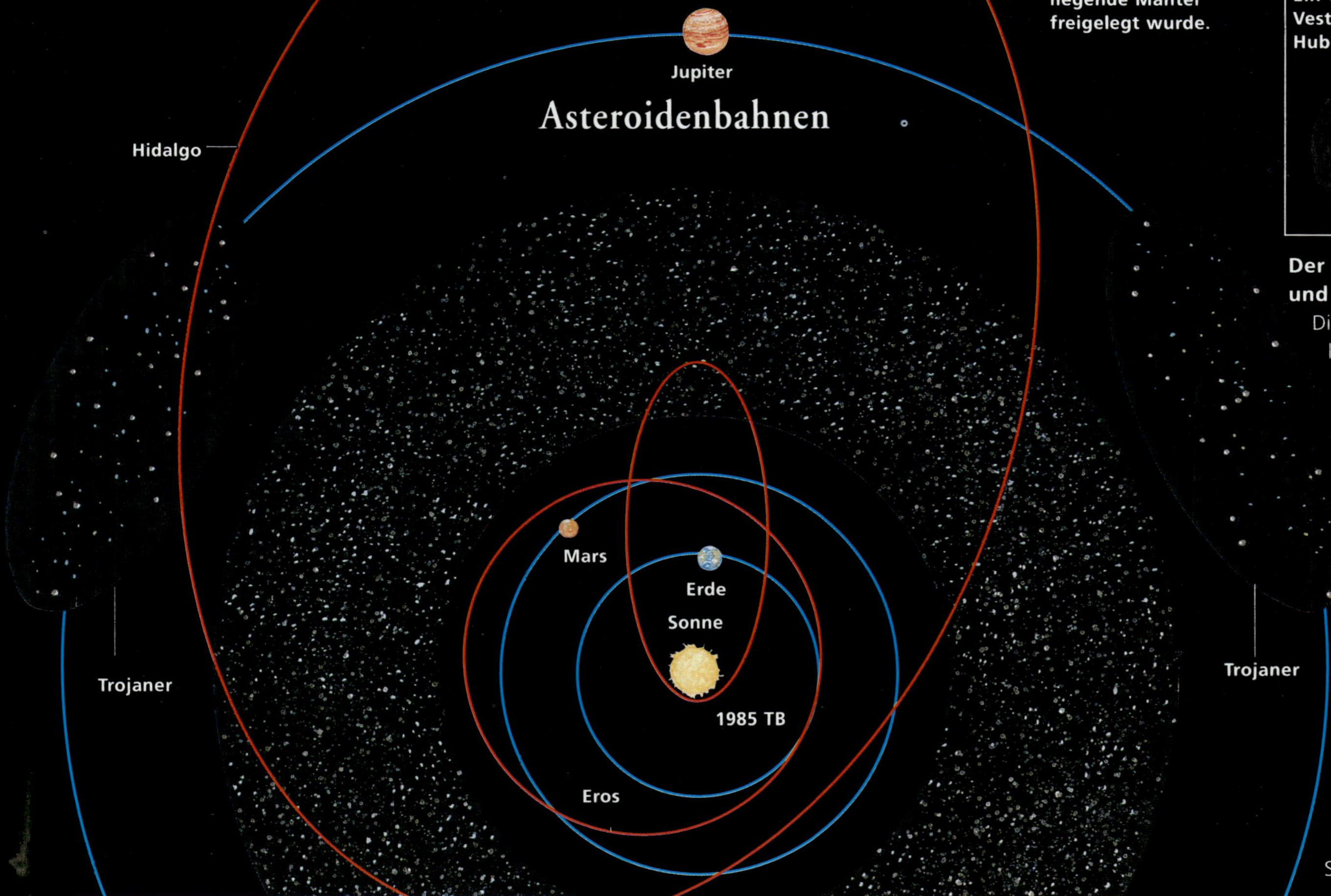


**Der Asteroidengürtel und die Trojaner**
Die meisten Asteroiden liegen in einem Hauptgürtel. Einige hundert, die so genannten Trojaner, befinden sich, in zwei Haufen konzentriert, auf der Jupiterbahn. Manche Asteroiden, beispielsweise Eros, sind näher an der Sonne als der Gürtel, und andere, wie 1985 TB, können sogar die Erdbahn durchkreuzen. Hidalgo läuft auf einer sehr lang gezogenen Bahn, die ihn vom Asteroidengürtel bis über die Saturnbahn hinausführt.

## Chirons Bahn

Der Asteroid Chiron ist einer der Zentauren. Das sind eine Gruppe von Asteroiden, deren Bahnen zwischen der des Jupiters und des Uranus liegen.

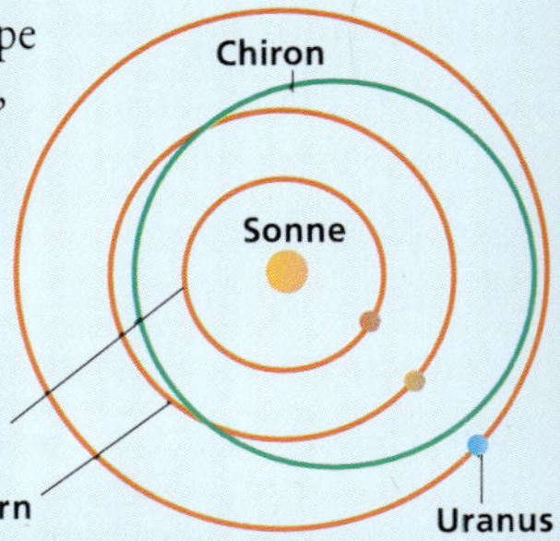


## ASTEROIDEN IN ZAHLEN

**DIE GRÖSSTEN ASTEROIDEN**

| Name | Jahr der Entdeckung | Ungefährer mittlerer Durchmesser | Entfernung von der Sonne (Erde = 1) |
|---|---|---|---|
| Ceres | 1801 | 975 km | 2,77 |
| Pallas | 1802 | 535 km | 2,77 |
| Vesta | 1807 | 525 km | 2,36 |
| Hygieia | 1849 | 425 km | 3,14 |
| Davida | 1903 | 325 km | 3,18 |
| Interamnia | 1910 | 325 km | 3,06 |
| Kybele | 1861 | 280 km | 3,43 |
| Europa | 1858 | 280 km | 3,10 |
| Sylvia | 1866 | 270 km | 3,49 |
| Patientia | 1899 | 270 km | 3,06 |

**Welche Planeten sind Gasriesen?**
Jupiter, Saturn, Uranus und Neptun (rot) sind große gasförmige Planeten im äußeren Sonnensystem. Anders als die Gesteinsplaneten besitzen sie alle Ringsysteme und viele Monde.

# Die Riesenplaneten

Die vier riesigen Planeten im äußeren Sonnensystem unterscheiden sich sehr von den näher an der Sonne liegenden Gesteinsplaneten. Sie werden die »Gasriesen« genannt, weil die Materie, aus der sie bestehen, gewaltige Mengen an Wasserstoff und Helium enthält – Gase, aus denen auch die Sonne aufgebaut ist. Unter den Planetenwolken gibt es keine feste Oberfläche, daher wird es für eine Raumsonde nie möglich sein, auf diesen Planeten zu landen. Wenn du eine Reise ins Innere des Jupiters machen könntest, hättest du das Gefühl, dass das Gas immer dichter wird und wie ein unheimlich schweres Gewicht auf dich drückt. In 1000 km Tiefe ist das Gas so sehr zusammengedrückt, dass es flüssig wird. Der Großteil von Jupiter besteht aus einem riesigen Ozean flüssigen Wasserstoffs.

## Vergleich der Riesenplaneten

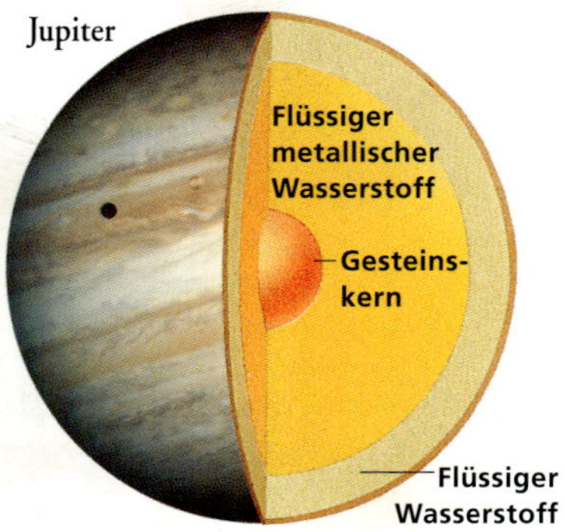


Jupiter besteht zum Großteil aus Wasserstoff, zusammengepresst zu einer Konsistenz, die flüssigem Metall ähnlich ist. In der Wasserstoff- und Heliumatmosphäre treiben Wolken aus Kristallen von gefrorenem Ammoniak, Wasser und anderen Chemikalien.

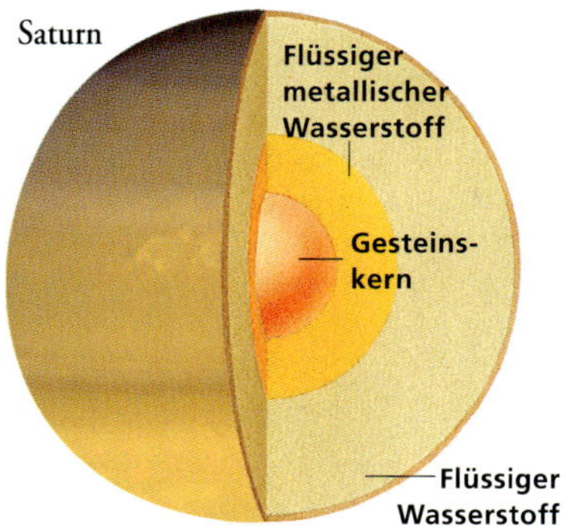


Saturn besteht hauptsächlich aus flüssigem Wasserstoff. Tief im Inneren liegt ein Teil des Wasserstoffs in flüssiger metallischer Form vor. Die Atmosphäre und die Wolken des Saturns sind ähnlich wie die von Jupiter, wenn auch das Wolkenmuster nicht so kompliziert erscheint.

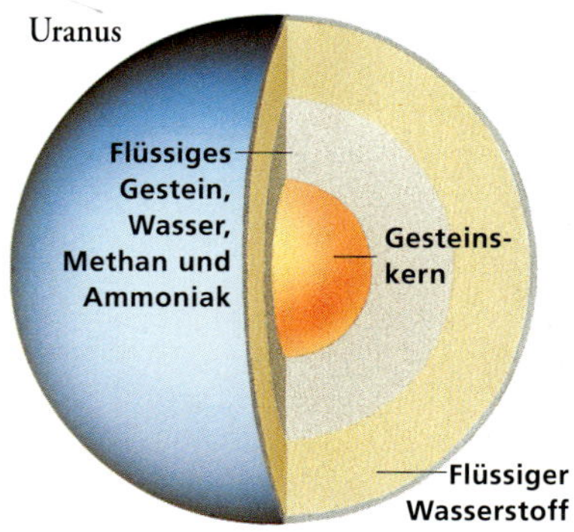


Um den Gesteinskern von Uranus liegt eine flüssige Schicht aus verschiedenen Chemikalien und darüber eine Schicht aus flüssigem Wasserstoff. Die Atmosphäre enthält Methanwolken, die von Dunstschleiern bedeckt sind.

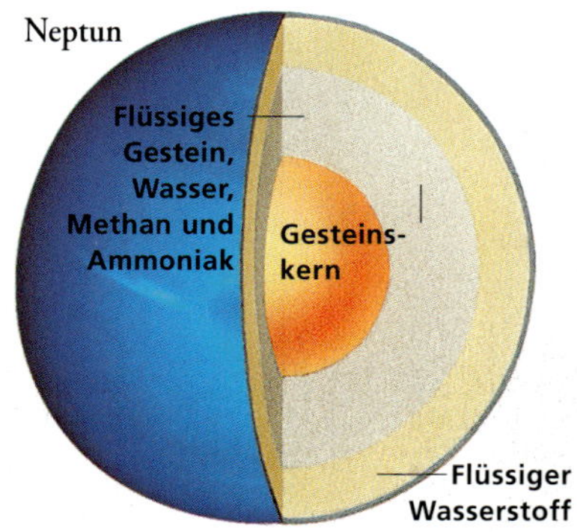


Das Innere des Neptuns ist Uranus sehr ähnlich, aber von unten aufsteigende Wärme erzeugt veränderliche Strukturen in den Methanwolken. In den höheren Atmosphärenschichten bilden sich leuchtende Wolken aus gefrorenen Methankristallen.

## Die Ringsysteme

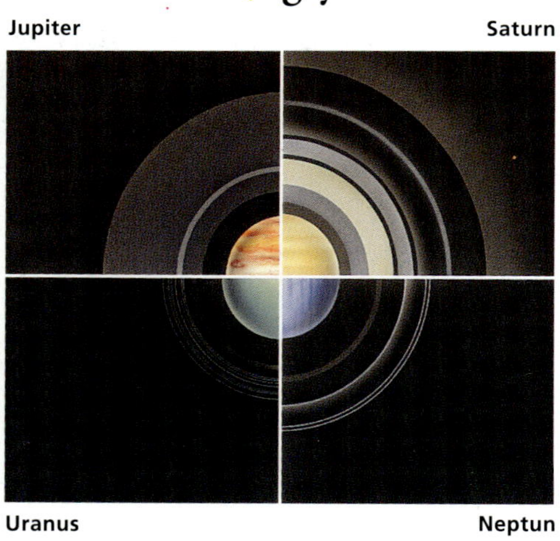


**Vergleich der Ringe**
Nur die Saturnringe aus leuchtenden Eisteilchen sind breit und hell genug, um mühelos von der Erde aus gesehen werden zu können. Uranus und Neptun besitzen schmale Ringe aus dunklen Teilchen. Jupiters Ringe bestehen aus feinem Staub (zum Vergleich sind die Planeten gleich groß dargestellt).

### Das Innere der Riesen

Saturn und Jupiter sind ähnlich. Außen besitzen beide Gasschichten, die die Atmosphären bilden. Aber tief im Inneren ist der Wasserstoff so stark zusammengedrückt, dass er wärme- und stromleitende Eigenschaften annimmt wie geschmolzenes Metall. In ihren Zentren haben die Gasriesen Gesteinskerne von etwa 20.000 km Durchmesser.

Uranus und Neptun haben Gesteinskerne von der gleichen Größe wie die von Jupiter und Saturn, enthalten aber einen verhältnismäßig größeren Anteil an Gestein, da sie kleinere Planeten sind. Ihre blaue Farbe verrät uns, dass sie nicht genau aus den gleichen Gasen bestehen wie Jupiter und Saturn. Uranus und Neptun besitzen weniger Wasserstoff und mehr Methan und Ammoniak.

### Wie die Riesenplaneten gewachsen sind

Bei der Entstehung des Sonnensystems wuchsen die Riesenplaneten viel stärker an als die sonnennäheren Gesteinsplaneten, da sie sich in kälteren Regionen befanden. Die Materieklumpen, die sich im äußeren Sonnensystem ansammelten, enthielten gefrorenes Material, das Teil der Riesenplaneten wurde. In sonnennäheren Gegenden verdampfte das Eis und für die Bildung der inneren Planeten blieben Gestein und Metall übrig. Mit zunehmenden Mengen festen Ausgangsmaterials führte die starke Gravitation der Planeten dazu, dass riesige Gasmengen angezogen und aufgenommen wurden.

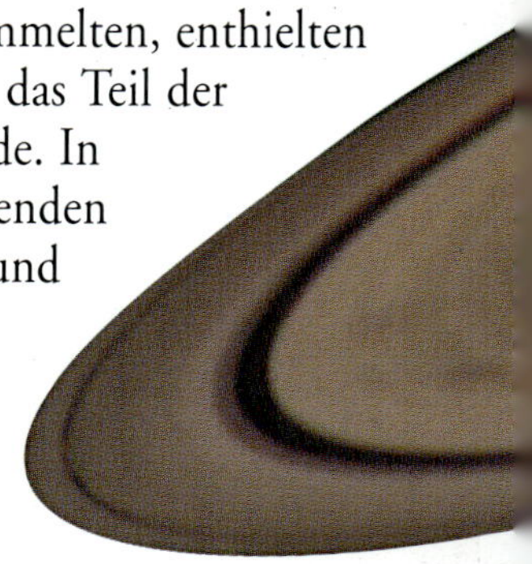

Jupiter

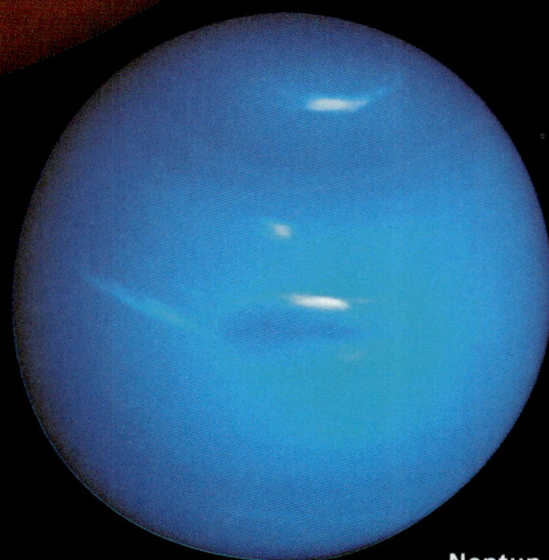

Neptun

**Die *Voyager*-Aufnahmen der Riesenplaneten**
So sahen die *Voyager*-Raumsonden die Riesenplaneten, die hier maßstabsgetreu dargestellt sind. Saturn besitzt etwas mehr als vier Fünftel der Größe Jupiters. Uranus und Neptun haben jeweils etwa ein Drittel des Jupiterdurchmessers. Zwei der Jupitermonde ziehen am Planeten vorbei – Io links und Europa rechts.

# Die *Voyager*-Missionen

1977 starteten zwei fast identische Raumsonden, *Voyager-1* und *Voyager-2*, um das äußere Sonnensystem zu erforschen. Sie funkten völlig neue Informationen über die Riesenplaneten, ihre Ringe und ihre Monde zur Erde. *Voyager-1* flog 1979 an Jupiter und 1980 an Saturn vorbei. *Voyager-2* passierte 1979 und 1980 auf einer anderen Bahn ebenfalls Jupiter und Saturn, flog dann aber weiter, um 1986 Uranus und 1989 Neptun zu besuchen. Die Route von *Voyager-2* war möglich, weil die vier Riesenplaneten zwischen 1979 und 1989 günstig auf ihren Bahnen standen. Die Riesenplaneten nehmen nur etwa alle 175 Jahre diese Stellung zueinander ein.

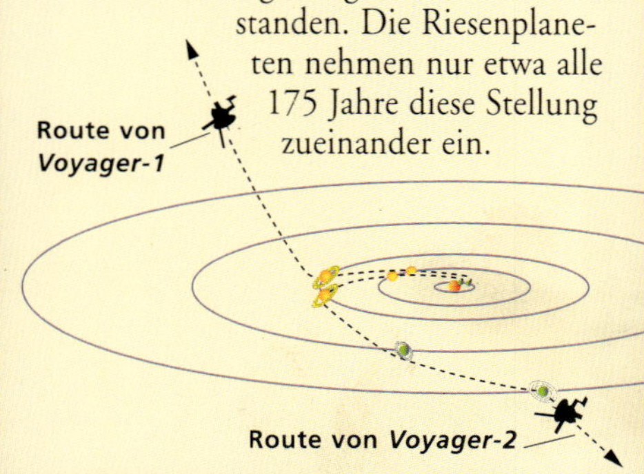

Saturn

Uranus

# Jupiter – der Superplanet

Jupiter ist nicht nur schwerer als alle anderen Planeten des Sonnensystems zusammengenommen, sondern auch am größten. Hell und dunkel gefärbte Wolkenbänder kreisen mit unglaublich starken Stürmen um den Planeten. Die Sonde *Galileo* maß in der Jupiteratmosphäre Windgeschwindigkeiten von bis zu 650 km pro Stunde, was ein Vielfaches der irdischen Windgeschwindigkeiten ist. Die Stürme werden durch Jupiters schnelle Rotation verursacht. Eine Umdrehung dauert weniger als zehn Stunden – das ist der kürzeste »Tag« eines Planeten. Jupiter hat mindestens 16 Monde. Darunter ist der größte Mond des Sonnensystems, Ganymed, der größer ist als der Planet Merkur. Die Raumsonde *Voyager-1* entdeckte, dass Jupiter auch drei Ringe besitzt, die aus kleinen Mengen dunklen Staubes bestehen.

**Wolkenbänder**
Das Hubble-Weltraumteleskop lieferte uns dieses Bild der Wolkenstruktur des Jupiters. Der dunkle Fleck ist der Schatten von Io, einem der Jupitermonde. Io selbst sieht man rechts von seinem Schatten. Die rote und blaue Färbung um Jupiter ist nicht echt, sondern kommt von den Farbfiltern, mit denen die Aufnahme gemacht wurde.

**Die *Galileo*-Sonde**
Im Dezember 1995 drang eine Sonde, die mit dem Raumschiff *Galileo* zum Jupiter geschickt wurde, mit mehr als 170.000 km pro Stunde in die Jupiteratmosphäre ein. Ein Fallschirm bremste sie ab, danach schickten sechs wissenschaftliche Instrumente 57 Minuten lang Informationen zur Erde, während sie durch die Jupiterwolken tiefer sank.

## Wetter und Magnetismus

Obwohl sich Jupiter seit seiner Entstehung vor 4,6 Milliarden Jahren abkühlte, ist er innen immer noch sehr heiß. Die Hitze im Inneren lässt Gase in der Jupiteratmosphäre aufsteigen. Die Gase sinken wieder ab, wenn sie sich abkühlen. Es bilden sich zirkulierende Gasströme, die die Wolkenbänder abwechselnd hell und dunkel machen. Die hellen Bänder stammen von aufsteigendem Gas, das oben mit weißen Wolken bedeckt ist. Über den Streifen, wo kühleres Gas wieder absinkt, bilden sich weniger Wolken. Diese Streifen erscheinen dunkler.

Details und Farben in den Wolkenstrukturen ändern sich ständig. Das Gesamtsystem der Wolkenbänder bleibt jedoch weitgehend konstant. In Äquatornähe wehen die Jupiterwinde stärker.

### JUPITER IN ZAHLEN

- **Äquatordurchmesser:** 142.984 km
- **Rotationszeit um seine Achse:** 9,9 Stunden
- **Masse (die Materiemenge, die er enthält):** 318 Erdmassen
- **Neigung seiner Drehachse:** 3 Grad
- **Volumen (den Raum, den er einnimmt):** 1321 Erdvolumina
- **Temperatur an der Wolkenobergrenze:** -130 °C

Die Wolkenbänder drehen sich hier um fünf Minuten schneller als die Bänder in der Nähe der Pole.

Jupiter ist von einem starken Magnetfeld umgeben. In der Nähe der Wolkenobergrenze ist das Magnetfeld des Jupiters 20- bis 30-mal stärker als das der Erde und beeinflusst weite Regionen. Die Umgebung eines Planeten, in der sein Magnetfeld wirkt, nennt man seine Magnetosphäre. Jupiters Magnetosphäre reicht bis zur Saturnbahn und stellt eine starke Radioquelle dar.

**Der Große Rote Fleck**
Im Großen Roten Fleck auf Jupiter hätte die Erde leicht zweimal nebeneinander Platz. Er ist eine Art Wirbelsturm, der im Gegenuhrzeigersinn rotiert. Man hat ihn erstmals vor mehr als 300 Jahren beobachtet, aber niemand weiß genau, warum es ihn dort gibt und wieso er rot gefärbt ist.

# Monde des Jupiters

Jupiters 16 Monde kann man in vier Gruppen einteilen. Die vier, die am nächsten liegen, sind winzig. Danach kommen die vier großen Galileischen Monde. Viel weiter draußen gibt es zwei Gruppen von vier kleinen, dunklen Monden. Die am weitesten entfernte Gruppe umkreist den Jupiter in anderer Richtung als die anderen Monde. Alle acht äußeren Monde wurden wahrscheinlich durch Jupiters Gravitation eingefangen. Sie könnten von zwei Asteroiden stammen, die in mehrere Stücke zerbrochen sind. Jeder der vier Galileischen Monde hat bestimmte Merkmale: Callisto besteht überwiegend aus Eis und besitzt viele Krater. Ganymed ist ebenfalls eisig, zum Teil kraterübersät, zum Teil glatt. Auf Europa gibt es weniger Eis, ein Großteil ist wohl verdampft. Io ist die vulkanisch aktivste Welt im Sonnensystem.

Europa

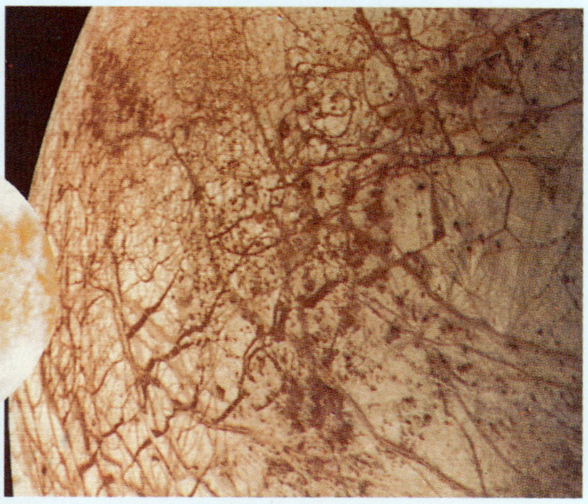

△ **Eisige Oberfläche**
Europa ist von glattem Eis bedeckt. Die starke Gravitation von Jupiter zerrt an Europas Eiskruste und erwärmt sie. Unter der Oberfläche könnte es einen Ozean aus flüssigem Wasser geben.

Io

Kallisto

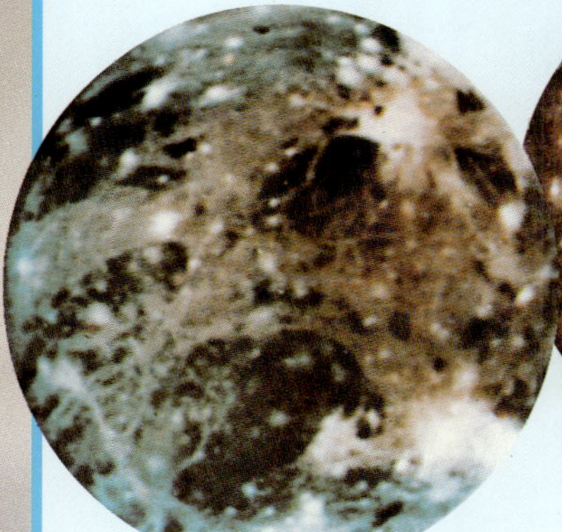

Ganymed

▷ **Schwefelvulkane auf Io**
Wolken aus Schwefel und Schwefeldioxid treten aus der Oberfläche Ios aus, weil das Gestein darunter heiß und geschmolzen ist. Io wird im Inneren durch ihre ständige Verformung aufgeheizt, die durch die Gravitation von Jupiter, Europa und Ganymed verursacht wird.

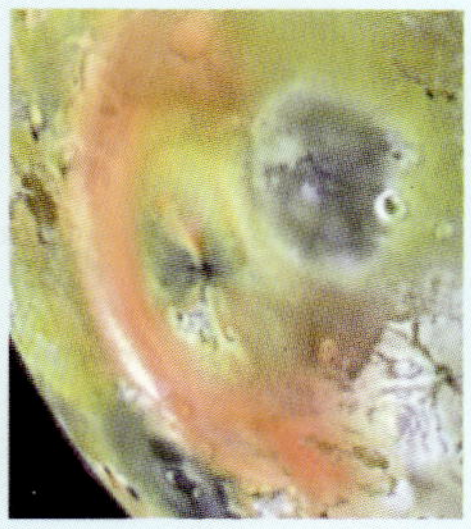

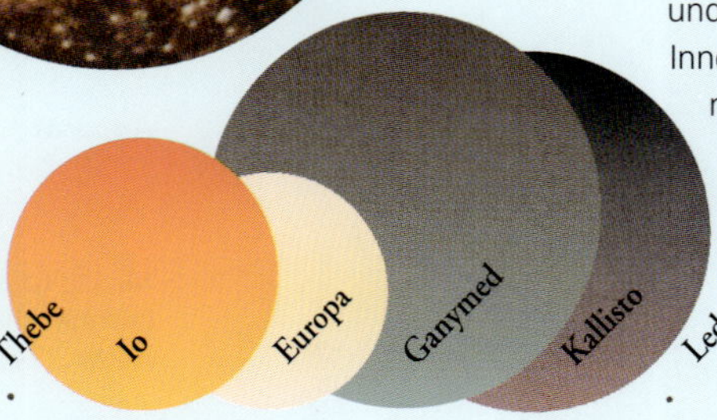

| | Metis | Adrastea | Amalthea | Thebe | Io | Europa | Ganymed | Kallisto | Leda | Himalia | Lysithea | Elara | Ananke | Carme | Pasiphae | Sinope |
|---|---|---|---|---|---|---|---|---|---|---|---|---|---|---|---|---|
| Entdeckt: | 1979 | 1979 | 1892 | 1979 | 1610 | 1610 | 1610 | 1610 | 1974 | 1904 | 1938 | 1905 | 1951 | 1938 | 1908 | 1914 |
| Durchmesser: km | 20 | 40 | 200 | 90 | 3630 | 3138 | 5262 | 4800 | 15 | 180 | 40 | 80 | 30 | 40 | 40 | 40 |

# Saturn – der Ringplanet

Mit seinem spektakulären Ringsystem gehört Saturn zu den schönsten Objekten, die man durch ein Fernrohr sehen kann. Obwohl er fast so groß wie Jupiter ist, hat Saturn nur knapp ein Drittel der Masse des Jupiters. Die Materie in Saturn ist so dünn in ihm verteilt, dass der ganze Planet auf Wasser schwimmen würde – wenn es einen genügend großen Ozean gäbe. Enorm kräftige Winde, noch stärker als auf Jupiter, wehen auf Saturn. In der Äquatorgegend gibt es Stürme, die über 10-mal stärker sind als irdische Hurrikane.

**Stürme auf Saturn**
Dieses Bild wurde vom Hubble-Weltraumteleskop 1994 aufgenommen und zeigt einen der seltenen Stürme auf Saturn. Weiße Wolken aus gefrorenen Ammoniakkristallen bilden sich über der Sturmregion. Angetrieben von Windgeschwindigkeiten mit 1600 km pro Stunde bilden die Wolken in der Nähe der Saturnmitte eine Form ähnlich einer Pfeilspitze.

### Wolken und Stürme

Die gelblichen Wolkenbänder des Saturns erscheinen verschwommener als die Jupiterbänder, weil die Wolken sich in tieferen Schichten der Atmosphäre bilden und unter einer Dunstschicht liegen. Die Wolkenbänder bleiben die meiste Zeit unverändert, etwa alle 30 Jahre jedoch sorgt ein riesiger Sturm für dramatische Turbulenzen. Saturn braucht 30 Jahre für einen Sonnenumlauf, und so ist es wahrscheinlich, dass diese gigantischen Stürme durch jahreszeitliche Temperaturschwankungen verursacht werden. Der letzte große Sturm tobte 1990. Über den Planeten breiteten sich herumwirbelnde weiße Wolken aus, bis sie eine Fläche von der 10fachen Größe der Erde einnahmen. Kleinere Stürme sind selten. Wie Jupiter ist auch Saturn im Inneren heiß.

## Die Saturnringe aus der Nähe

**Die Cassini-Teilung ist eine Lücke, die aus schwachen, kleinen Ringen besteht.**

**Der schmale F-Ring wird durch die Gravitationswirkung der beiden »Schäferhundmonde« Prometheus und Pandora stabilisiert.**

**G-Ring**

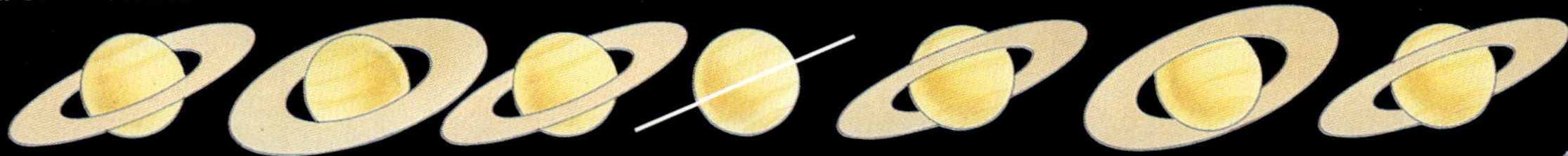

**△ Sich neigende Ringe**
Unsere Sicht der Saturnringe ändert sich während eines Umlaufs des Planeten um die Sonne. Normalerweise sieht man sie gut mit einem Fernrohr, aber alle 15 Jahre scheinen sie sich zu schließen und wieder zu öffnen. Wenn wir genau auf die Kante der Ringe blicken *(Mitte)*, können wir sie nicht sehen.

### SATURN IN ZAHLEN

- **Äquatordurchmesser:** 120.536 km
- **Rotationszeit um seine Achse:** 10,5 Stunden
- **Masse (die Materiemenge, die er enthält):** 95 Erdmassen
- **Neigung seiner Drehachse:** 27 Grad
- **Volumen (den Raum, den er einnimmt):** 764 Erdvolumina
- **Temperatur an der Wolkenobergrenze:** -130 °C

### Strukturen in den Ringen

Auf den Bildern der *Voyager*-Raumsonden kann man Tausende schmaler Einzelringe um den Saturn erkennen. Die Aufnahmen zeigen auch dunkle »Speichen« quer über den Ringen, die auftauchen und wieder verschwinden. Die Speichen scheinen aus Staub zu bestehen, der durch das Magnetfeld des Saturns in bestimmter Weise angeordnet wird.

Die Herkunft der Saturnringe ist weitgehend unbekannt. Sie könnten die Überreste eines Kometen oder Mondes sein, der Saturn zu nahe kam und durch die Schwerkraft des Planeten zerrissen wurde.

**Ringe aus Eis**
Die Saturnringe setzen sich aus Millionen einzelner Minimonde zusammen. Diese bestehen wie schmutzige Schneebälle hauptsächlich aus gefrorenem Wasser, vermischt mit etwas Staub und Gestein. Ihre Größe reicht von mikroskopisch kleinen Körnchen bis zu etwa 10 m großen Brocken.

# Monde des Saturns

Mindestens 18 Monde begleiten den Saturn, vermutlich sogar mehr. Jeder ist anders, wenngleich alle aus einer Mischung aus Eis und Gestein bestehen. Der größte Mond, Titan, ist größer als der Planet Merkur und der einzige Mond im Sonnensystem mit einer dichten Atmosphäre. Die Oberflächen der anderen Saturnmonde sind häufig mit Kratern übersät, wenn auch viele der Krater auf Enceladus mit Eis bedeckt sind. Der riesige Krater »Herschel« auf Mimas entstand durch einen Einschlag, der fast den ganzen Mond zertrümmert hätte. Ein gigantischer Canyon erstreckt sich über drei Viertel von Tethys.

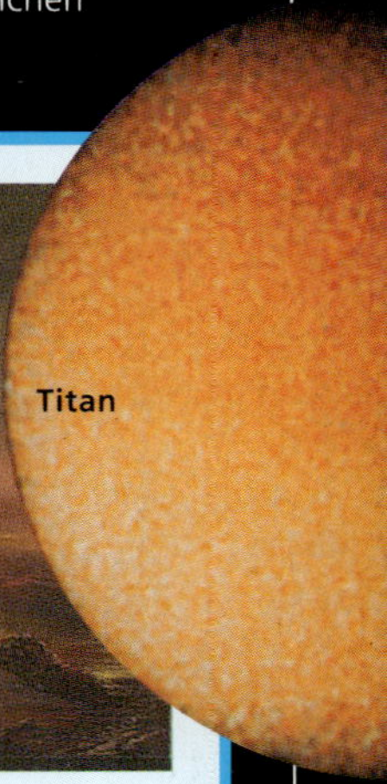


**△ Ein Besuch bei Titan**
Titans Atmosphäre ist 4-mal dichter als die Erdatmosphäre und besteht vorwiegend aus Stickstoff. Bislang konnten wir nicht auf Titans Oberfläche blicken, da sie immer hinter einer orangefarbigen Dunstschicht verborgen ist. Im Jahre 2004 wird die Raumsonde *Cassini* eine Kapsel absetzen, die an einem Fallschirm auf Titan absinken und Bilder und Daten zur Erde funken soll.

| | Pan | Atlas | Prometheus | Pandora | Janus | Epimetheus | Mimas | Enceladus | Tethys | Telesto | Kalypso | Dione | Helene | Rhea | Titan | Hyperion | Iapetus | Phoebe |
|---|---|---|---|---|---|---|---|---|---|---|---|---|---|---|---|---|---|---|
| Entdeckt | 1985 | 1980 | 1980 | 1980 | 1966 | 1980 | 1789 | 1789 | 1684 | 1980 | 1980 | 1684 | 1980 | 1672 | 1655 | 1848 | 1671 | 1898 |
| Durchmesser: km | 20 | 40 | 80 | 100 | 190 | 120 | 394 | 502 | 1048 | 25 | 25 | 1120 | 30 | 1530 | 5150 | 270 | 1435 | 220 |

## William Herschel

William Herschel (1738-1822) entdeckte 1781 durch Zufall Uranus, als er mit einem Teleskop Sterne beobachtete. Es war das erste Mal, dass man einen Planeten fand, den man nicht mit dem bloßen Auge sehen konnte. Herschel war von Beruf Musiker. Sein Hobby war der Bau astronomischer Fernrohre und er war ein sehr erfahrener Beobachter. Die Entdeckung des Uranus machte ihn weltberühmt. Seine Schwester Caroline Herschel (1750-1848) entdeckte mehrere Kometen.

**William Herschel *(oben)* entdeckte Uranus mit diesem Teleskop, das er selbst gebaut hatte.**

# Uranus und Neptun – die blauen Planeten

Die beiden fernen Riesen im Sonnensystem haben vieles gemeinsam: Beide sind etwa 4-mal größer als die Erde und von dicken blauen Wolken umhüllt. Ihre blaue Farbe verdanken sie dem Methangas in ihren Atmosphären. Beide Planeten besitzen Ringsysteme und viele Monde. Uranus sieht überall sehr gleichmäßig aus. Seine Wolkenbänder sind alle ziemlich ähnlich und durch den dicken Dunstschleier, der über ihnen liegt, kaum zu sehen. Im Gegensatz dazu ist Neptun sehr veränderlich. Riesige dunkle Sturmgebiete und helle Wolken bilden sich und verschwinden dann wieder.

**Ein gekippter Planet**
Da seine Drehachse um 90 Grad geneigt ist, umkreist Uranus auf der Seite liegend die Sonne. Auf dem Bild vom Hubble-Weltraumteleskop ist der von einer Dunstschicht umgebene Südpol zu sehen.

### Uranus

Als *Voyager-2* im Jahre 1986 an Uranus vorbeiflog, sah die Sonde nur sehr schwache Wolkenstrukturen. 1994 jedoch zeigte das Hubble-Weltraumteleskop zwei große helle Wolken in großer Höhe. Die Bewölkung variiert wahrscheinlich mit den ungewöhnlichen Jahreszeiten auf Uranus. Aufgrund der Schieflage des Planeten ist jeder der Pole 42 Jahre lang ununterbrochen der Sonne ausgesetzt, danach folgen 42 Jahre der Dunkelheit. 1977 wurden die Uranusringe entdeckt, als der Planet auf seiner Bahn durch den Sternhimmel vor einem Stern vorbeizog und dessen Helligkeit sich veränderte. Die einzige Erklärung dafür war die Existenz eines Ringsystems, das das Sternlicht abdunkelte. Es gibt neun schmale Ringe, die aus einzelnen schwarzen Teilchen bestehen. Sie reflektieren so wenig Sonnenlicht, dass die Ringe von der Erdoberfläche aus unsichtbar bleiben, jedoch konnten *Voyager-2* und das Hubble-Weltraumteleskop Bilder davon aufnehmen.

### URANUS IN ZAHLEN

- **Äquatordurchmesser:** 51.118 km
- **Rotationszeit um seine Achse:** 17,2 Stunden
- **Masse (die Materiemenge, die er enthält):** 14,5 Erdmassen
- **Neigung seiner Drehachse:** 97,9 Grad
- **Volumen (den Raum, den er einnimmt):** 63 Erdvolumina
- **Temperatur an der Wolkenobergrenze:** -200 °C

**◁ Neptuns Wolken**
Hoch in der Neptunatmosphäre bilden sich leuchtende weiße Wolken aus Kristallen von gefrorenem Methangas. Sie treiben bis zu 50 km über den blauen Hauptwolkenschichten und entstehen und verschwinden immer wieder.

## Neptun

Neptun wurde 1845 in der Berliner Sternwarte entdeckt, nachdem zwei Mathematiker unabhängig voneinander berechnet hatten, wo man ihn finden würde. Die wirkliche Umlaufbahn des Uranus um die Sonne wich nämlich ein wenig von seiner berechneten Umlaufbahn ab. Sowohl Urbain J. J. Le Verrier in Frankreich als auch John Couch Adams in England errechneten die richtige Position des neuen Planeten, jedoch war Le Verrier schneller und bekam seine Vorhersage bestätigt.

Neptun war weitgehend unerforscht, bis 1989 *Voyager-2* nahe an ihm vorbeiflog. Die Raumsonde entdeckte, dass Winde mit mehr als 2000 km pro Stunde um Neptuns Äquator blasen. Dies sind die höchsten Windgeschwindigkeiten, die man je gemessen hat. Des Weiteren fand *Voyager-2* um Neptun vier dünne schwache Ringe aus schwarzem Staub. Mit Teleskopen kann man von der Erde aus nur sehr schwer Details in den Wolken des Neptuns erkennen. Aber seit 1994 nutzen Astronomen das Hubble-Weltraumteleskop, um die dramatischen Veränderungen zu verfolgen.

### NEPTUN IN ZAHLEN

- **Äquatordurchmesser:** 49.532 km
- **Rotationszeit um seine Achse:** 16,1 Stunden
- **Masse (die Materiemenge, die er enthält):** 17,2 Erdmassen
- **Neigung seiner Drehachse:** 29,6 Grad
- **Volumen (den Raum, den er einnimmt):** 58 Erdvolumina
- **Temperatur an der Wolkenobergrenze:** -200 °C

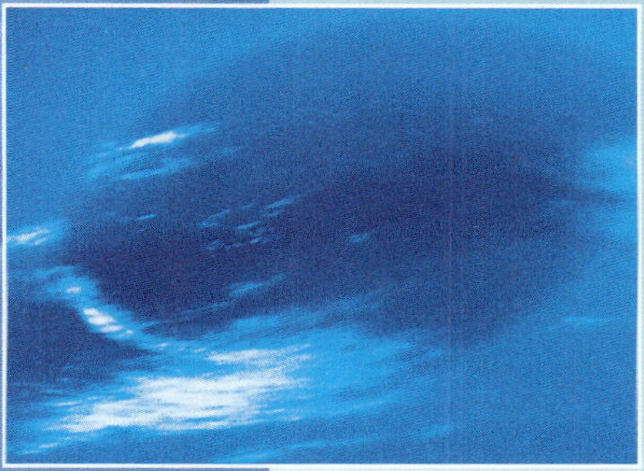

**△ ▷ Stürmisches Wetter**
1989 nahm *Voyager-2* Bilder von einem Sturmgebiet auf Neptun auf, das die Größe der Erde hatte. Man nannte es den Großen Dunklen Fleck *(oben)*. Als das Hubble-Weltraumteleskop 1994 auf Neptun gerichtet wurde, war ein neuer, kleinerer Sturm entstanden. Das HST hat das Wolkenmuster auf Neptun verfolgt *(rechts)*.

# Monde des Uranus und Neptuns

Die Monde dieser kalten fernen Planeten bestehen aus einer Mischung von Eis und Gestein. Die Nahaufnahmen der fünf größeren Uranusmonde zeigen lange Spalten und Gräben. *Voyager-2* entdeckte zehn neue Monde um Uranus und sechs kleine dunkle Monde, die auf niedrigen Bahnen um Neptun kreisen. Die zwei äußeren Monde des Neptuns wurden wahrscheinlich von dem Planeten eingefangen. Triton kreist rückwärts und die Bahn von Nereide ist eine sehr lang gezogene Ellipse.

**△ Narbige Miranda**
Es gibt so viele verschiedene Landschaften auf der Oberfläche des Uranusmondes Miranda, dass sie wie ein Flickwerk aussieht.

**▷ Triton – der größte Neptunmond**
Triton, der etwa genauso groß wie der Erdmond ist, hat eine eisige Oberfläche mit Bergketten, Gräben und Kratern. Mit -235 °C hat er die niedrigste je gemessene Temperatur eines Körpers im Sonnensystem. Fontänen aus Gas, Eis und Staub werden aus dem Inneren auf die Oberfläche ausgeworfen und bis zu 8 km hochgeschleudert. Die Winde in Tritons sehr dünner Stickstoffatmosphäre treiben die Rauchfahnen in langen dunklen Streifen bis zu 150 km weit über seine Oberfläche.

## Neptunmonde

| | Naiad | Thalassa | Despina | Galatea | Larissa | Proteus | Triton | Nereid |
|---|---|---|---|---|---|---|---|---|
| Entdeckt | 1989 | 1989 | 1989 | 1989 | 1989 | 1989 | 1846 | 1949 |
| Durchmesser: km | 54 | 80 | 180 | 150 | 192 | 416 | 2705 | 240 |

## Uranusmonde

| | Cordelia | Ophelia | Bianca | Cressida | Desdemona | Julia | Portia | Rosalind | Belinda | Puck | Miranda | Ariel | Umbriel | Titania | Oberon | S/1997 U2 | S/1997 U1 |
|---|---|---|---|---|---|---|---|---|---|---|---|---|---|---|---|---|---|
| Entdeckt | 1986 | 1986 | 1986 | 1986 | 1986 | 1986 | 1986 | 1986 | 1986 | 1985 | 1948 | 1851 | 1851 | 1787 | 1787 | 1997 | 1997 |
| Durchmesser: km | 26 | 30 | 42 | 62 | 54 | 84 | 108 | 54 | 66 | 154 | 472 | 1158 | 1169 | 1578 | 1523 | 160 | 80 |

# Pluto, Charon und die Eiszwerge

Der kleinste Planet im Sonnensystem ist Pluto. Meist ist er auch der am weitesten entfernte Planet. 1978 bemerkte der Astronom James Christy auf einer Fotografie die birnenförmige Gestalt des Pluto. Er erkannte, dass Pluto einen Mond hat. Plutos Mond, den man Charon taufte, ist ungewöhnlich groß im Verhältnis zur Größe seines Mutterplaneten.

Manche Leute glauben, dass es vielleicht noch einen weiteren Planeten – den »Planet X« – geben könnte. Die Astronomen haben jedoch jetzt entdeckt, dass Pluto zu einer ganzen Familie von eisigen Zwergplaneten gehört, die die Sonne jenseits des Neptuns umkreisen. Es gibt vermutlich Tausende von ihnen im so genannten Kuipergürtel, aber es ist unwahrscheinlich, dass einer von ihnen größer als Pluto ist.

**Pluto und Charon**
Dies sind die besten Bilder, die die Astronomen von Pluto *(unten)* und Charon *(oben)* haben. Sie wurden aus Bildern des Hubble-Weltraumteleskops und anderen Daten erstellt. Eines der Lichtfleckchen ist der Pol, der um einen Winkel von 57 Grad geneigt ist.

## Der kleinste Planet und sein Mond

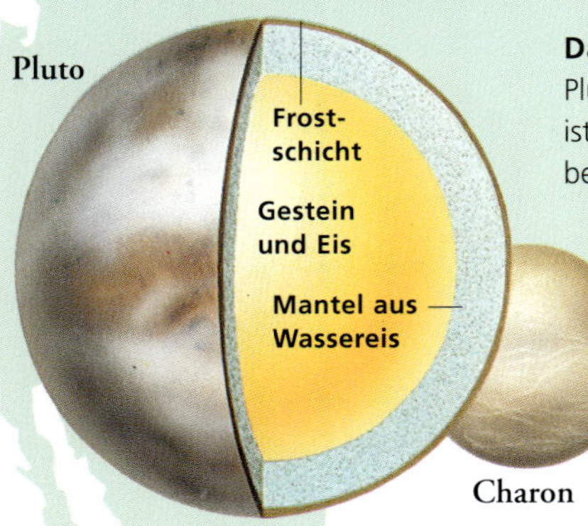


**Das Innere von Pluto**
Pluto ist kleiner als der Erdmond und Charon ist halb so groß wie Pluto. Hier sieht man die beiden im Größenvergleich zu Amerika. Wir wissen nicht sicher, wie Pluto innen aufgebaut ist. Es könnte sich um ein Gemisch aus Eis und Gestein handeln, das von einem 200-300 km dicken Mantel aus Wassereis umgeben ist. An der Oberfläche bilden gefrorenes Methan, Kohlenmonoxid und Stickstoff eine sehr dicke Frostschicht.

### Entdeckung des Pluto

Clyde Tombaugh entdeckte 1930 Pluto. Er hatte etwa ein Jahr lang den fernen Planeten gesucht, der sich durch seine Bewegung vor dem Sternenhintergrund bemerkbar machen sollte. Man fand bald heraus, dass die Plutobahn sehr viel stärker elliptisch ist als alle anderen Planetenbahnen und um 17 Grad gegenüber den anderen geneigt ist. Aber da Pluto so klein und fern ist, wurde erst in den 70er-Jahren auf seiner Oberfläche gefrorenes Methan gefunden und sein Mond Charon entdeckt.

1988 zog Pluto vor einem Stern vorbei. Das Licht des Sterns erlosch nicht schlagartig, sondern verschwand allmählich. Dies beweist, dass Pluto eine dünne Atmosphäre besitzt. Wenn Pluto der Sonne am nächsten ist, wird seine Atmosphäre dichter, weil durch den Temperaturanstieg Gase aus der Eisschicht auf der Planetenoberfläche freigesetzt werden. Wenn sich Pluto wieder weiter von der Sonne entfernt, schlägt sich neuer Frost auf der Oberfläche nieder und die Atmosphäre wird dünner. Mit diesem Zyklus ändern sich die Helligkeiten Plutos.

**PLUTO IN ZAHLEN**

**Durchmesser:** 2360 km

**Masse (die Materiemenge, die er enthält):** 0,002 Erdmassen

**Volumen (den Raum, den er einnimmt):** 0,006 Erdvolumina

**Rotationszeit um seine Achse:** 6,3872 Erdtage

**Neigung seiner Drehachse:** 57 Grad

**Oberflächentemperatur:** von etwa -231 °C bis zu -218 °C an einigen Stellen

### Charon

Auf Charon konnten keine Einzelheiten gesehen werden, aber seine Oberfläche unterscheidet sich von der des Pluto. Sie hat eine andere Farbe und besteht aus gefrorenem Wasser ohne einen Anteil von Methaneis. Die Entstehung von Pluto und Charon liegt im Dunkeln. Eine Theorie besagt, dass es in der Frühzeit des Sonnensystems eine große Kollision gab. Zu dieser Zeit gab es jenseits des Neptuns vermutlich viel mehr Eiszwerge, die als Reste nach der Bildung der Riesenplaneten übrig geblieben waren. Die meisten von ihnen gelangten viel weiter nach außen in eine Region, die wir heute Oortsche Wolke nennen.

△ **Pluto-Kuiper-Express**
Wissenschaftler haben eine Raumfahrtmission entworfen, die Anfang des 21. Jahrhunderts zum Pluto und zum Kuipergürtel führen könnte. Bei der Mission werden zwei kleine Sonden losgeschickt, die mit miniaturisierten Messgeräten bestückt sind. Jede der Sonden wäre 12 Jahre unterwegs und würde im Abstand von sechs Monaten an Pluto vorbeifliegen.

▷ **Oortsche Wolke**
Aus einer riesigen Wolke kleiner Eis- und Staubbrocken, die viel weiter außen als Pluto das Sonnensystem umgibt, gelangen manchmal Stücke ins innere Sonnensystem. Sie werden zu Kometen. Dieses Kometenreservoir ist nach dem Astronomen Jan Oort benannt, der als Erster vermutete, dass die Kometen von daher kommen könnten.

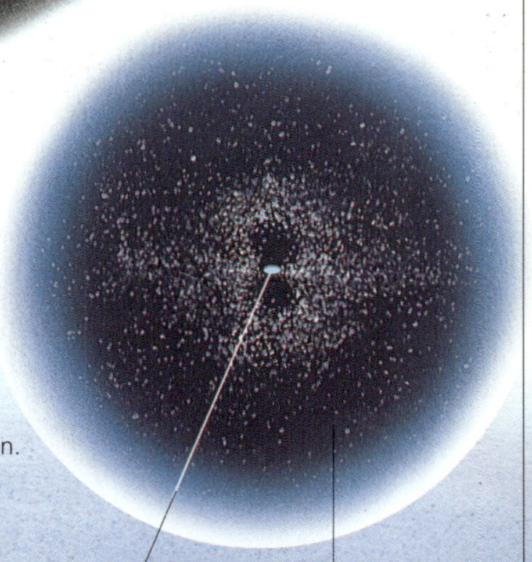


## Kuipergürtel

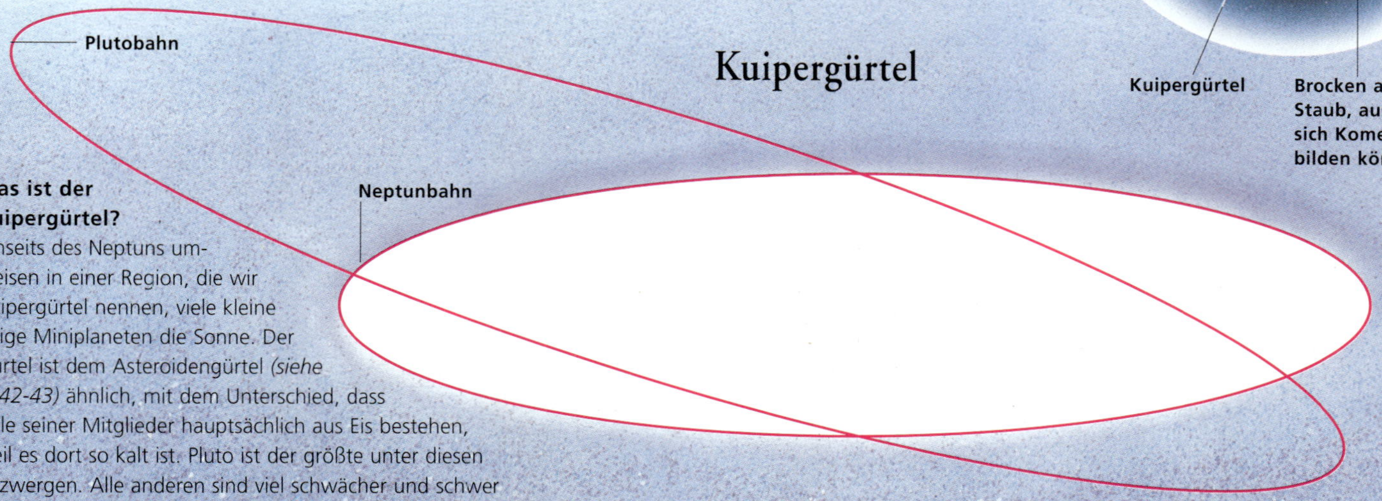


**Was ist der Kuipergürtel?**
Jenseits des Neptuns umkreisen in einer Region, die wir Kuipergürtel nennen, viele kleine eisige Miniplaneten die Sonne. Der Gürtel ist dem Asteroidengürtel *(siehe S. 42-43)* ähnlich, mit dem Unterschied, dass viele seiner Mitglieder hauptsächlich aus Eis bestehen, weil es dort so kalt ist. Pluto ist der größte unter diesen Eiszwergen. Alle anderen sind viel schwächer und schwer aufzufinden. Den ersten entdeckte man 1992 und nannte ihn 1992 QB1. Seither fand man noch viele weitere.

**Komet Hale-Bopp**
Millionen von Menschen sahen 1997 den Kometen Hale-Bopp. Er wurde am 22. Juli 1995 von Alan Hale und Thomas Bopp entdeckt und wurde zu einem der hellsten Kometen des 20. Jahrhunderts. Sein Kern wird auf 40 km Durchmesser geschätzt, das ist gut doppelt so groß wie der Kern des Kometen Halley.

# Kometen

Ein heller Komet gehört zu den spektakulärsten Objekten am Nachthimmel. Jedes Jahr werden ungefähr zehn Kometen entdeckt, aber die meisten von ihnen sind sehr schwach. Ein Komet, der leicht mit bloßem Auge erkennbar ist, erscheint normalerweise nur einmal in 10–20 Jahren. Die meisten hellen Kometen tauchen unverhofft auf und sind nur einmal sichtbar. Manche jedoch kehren regelmäßig wieder. Der berühmteste und bei weitem hellste unter ihnen ist der Komet Halley, der für einen Sonnenumlauf 76 Jahre braucht. Er ist seit über 2200 Jahren bei jeder Wiederkehr beobachtet worden, zum letzten Mal im Jahr 1986.

## Von Köpfen und Schweifen

Der Kometenkopf besteht aus einem kleinen, festen Kern, der in eine riesige Staub- und Gaswolke eingebettet ist, die so genannte Koma. Ein Kern mit 32 km Durchmesser kann eine Gaswolke von 800.000 km Durchmesser erzeugen. Gas und Staub entwickeln zwei getrennte Schweife, die bis zu 100 Millionen Kilometer lang werden, wenn sich der Komet der Sonne nähert. Kometenschweife zeigen stets von der Sonne weg. Das Gas wird vom Sonnenwind *(siehe S. 19)* mitgerissen, während die Staubteilchen durch das auftreffende Sonnenlicht langsam abgestoßen werden. Ein Komet verliert bei jedem Sonnenumlauf einen Teil seiner Materie.

Obwohl ein Komet sehr groß werden kann, besteht er aus sehr wenig Materie. Die Erde hat schon öfters einen Kometenschweif ohne irgendeinen merklichen Effekt durchquert. Die größte Annäherung der Erde an einen Kometenkern fand im Jahre 1770 statt, als der Komet Lexell bis auf 2,2 Millionen Kilometer herankam.

Kometen bleiben gewöhnlich für einige Wochen sichtbar und werden normalerweise nach ihrem Entdecker benannt. Der Halleysche Komet ist eine Ausnahme. Edmund Halley erkannte, dass der Komet, den er 1682 sah, der gleiche war, der mindestens schon zweimal zuvor beobachtet wurde – 76 Jahre früher (1607) und weitere 76 Jahre davor (1531).

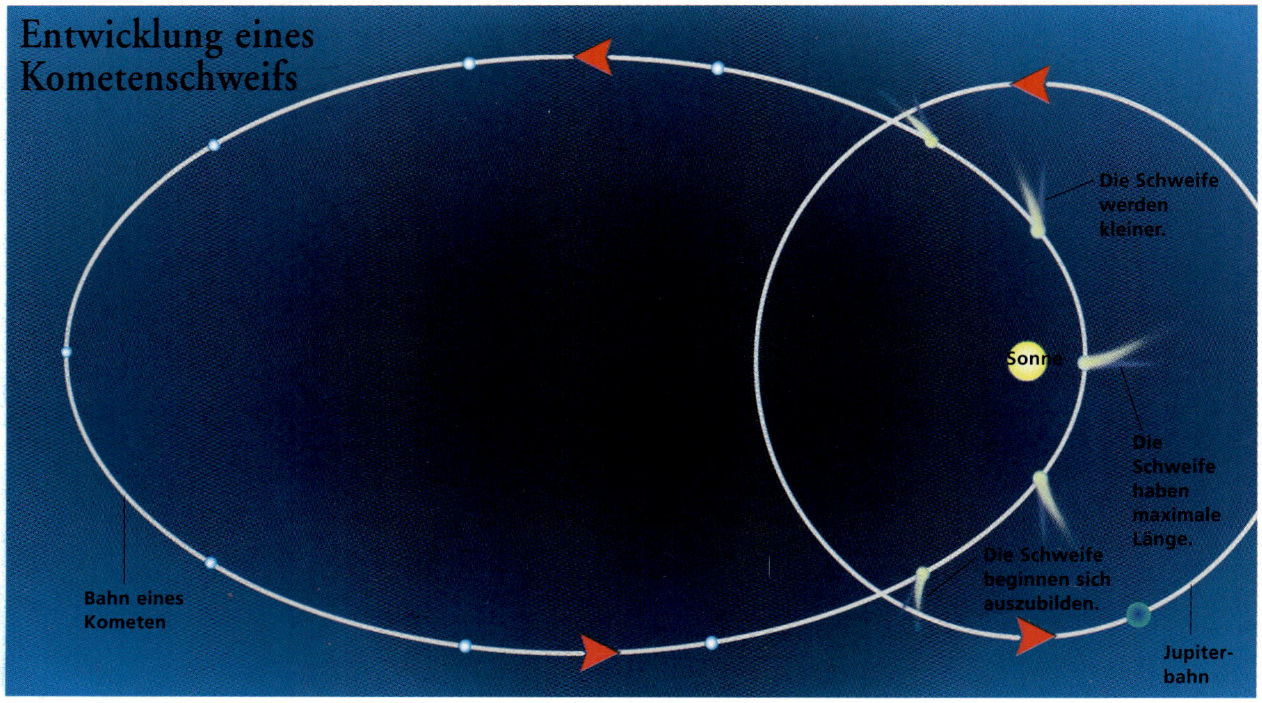


**So entsteht der Schweif**
Wenn ein Kometenkern weit von der Sonne entfernt ist, hat er weder Koma noch Schweif. Bei Annäherung an die Sonne steigt seine Oberflächentemperatur und das Eis beginnt zu verdampfen. Gas und Staub werden freigesetzt, strömen vom Kern ab und bilden dabei eine riesige Wolke um ihn, die Koma. Die Sonne weht die Wolke weg und verleiht dem Kometen zwei Schweife – einen gebogenen gelblichen Staubschweif und einen geraden bläulichen Gasschweif.

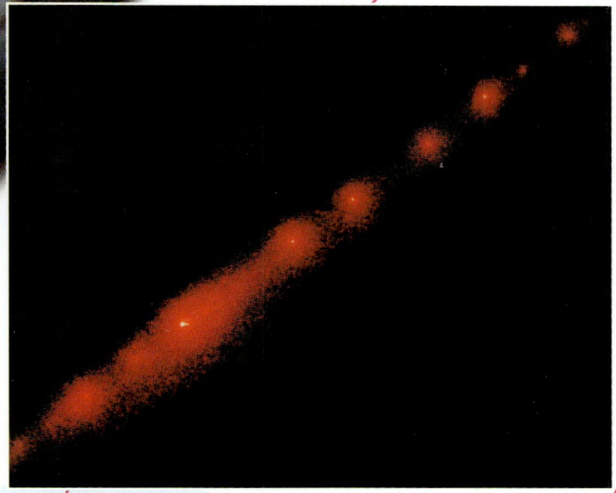

**△ Komet Shoemaker-Levy 9 trifft Jupiter**
Als der Komet Shoemaker-Levy 9 im Jahre 1993 entdeckt wurde, umkreiste er den Jupiter, der den Kometen mit seiner starken Gravitationswirkung eingefangen hatte. Während eines nahen Vorbeifluges an Jupiter war der Komet 1992 in etwa 20 Teile zerbrochen *(oben rechts)*. Als im Juli 1994 diese Teile auf den Jupiter stürzten, verursachten sie gewaltige Explosionen in der Jupiteratmosphäre und hinterließen für mehrere Monate riesige dunkle Wolken *(oben)*.

**▷ Kometenbahnen**
Die meisten Kometen kommen aus einer Entfernung von etwa einem Lichtjahr ins innere Sonnensystem. Sie umrunden die Sonne und verschwinden dann für Tausende von Jahren weit draußen im Weltraum. Man nennt sie langperiodische Kometen. Wenn ein Komet nahe an einem Riesenplaneten, insbesondere an Jupiter, vorbeifliegt, kann er auf eine kleinere elliptische Bahn umgelenkt und zu einem kurzperiodischen Kometen werden. Jupiter hat einige Dutzend Kometen gefangen, so genannte Kometen der Jupiterfamilie, die in Perioden zwischen 5-11 Jahren um die Sonne kreisen.

## Kometenbahnen

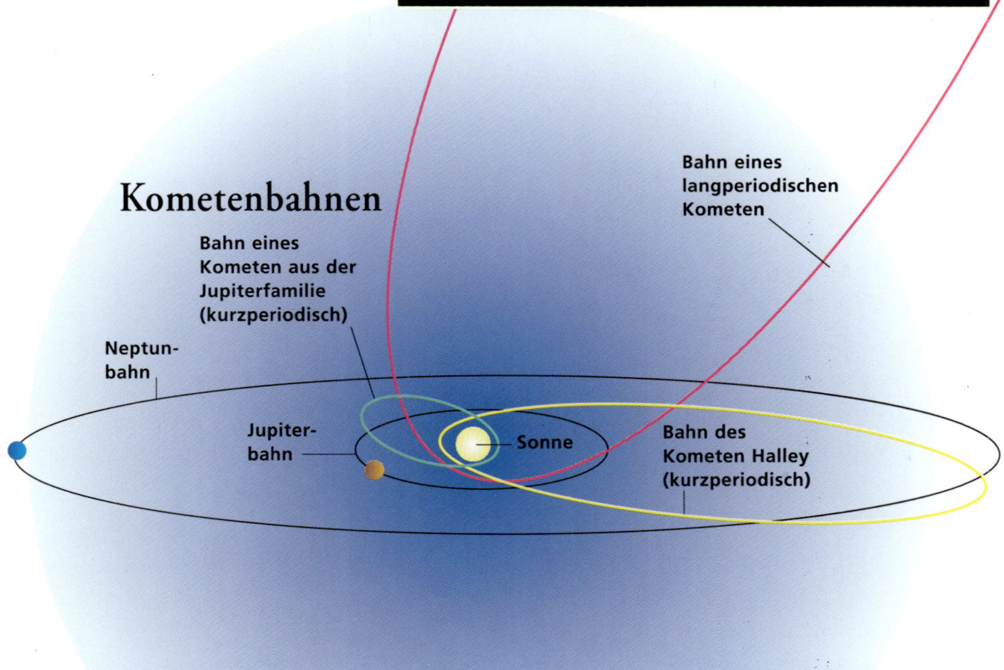

**△ Kometen als Unglücksboten**
Jahrtausendelang hielt man auf der ganzen Welt Kometen für Vorboten von Unglück, vermutlich deswegen, weil sie unvorhersehbar auftauchen und einen solch außergewöhnlichen Anblick am Himmel bieten können.

## *Giotto*

Die Raumsonde zur Erforschung des Halleyschen Kometen wurde nach dem Künstler Giotto benannt, der diesen Kometen 1303 in einem Wandgemälde darstellte. Die Kamera und die anderen Instrumente an Bord der Raumsonde funktionierten einwandfrei bis zwei Sekunden vor der Annäherung an den Kometenkern im März 1986. Der Staub, der auf die Sonde auftraf, setzte die Kamera außer Betrieb und unterbrach für kurze Zeit den gesamten Funkkontakt zu *Giotto*. 1992 konnte man einige von *Giottos* Instrumenten wieder in Betrieb nehmen und damit den Kometen Grigg-Skjellerup erforschen.

***Giotto***

**Der Kern des Halleyschen Kometen**
Diese Nahaufnahme vom Kern des Halleyschen Kometen stammt aus Bildern der Raumsonde *Giotto (links)*. Man sieht Gas und Staub aus der der Sonne zugewandten Seite strömen. Der Kern besteht hauptsächlich aus gefrorenem Wasser, in dem winzige Stückchen von dunkler Materie eingelagert sind. An der Oberfläche befindet sich eine dünne Kruste aus diesem »Schmutz«, wodurch der Kern schwarz wie Kohle erscheint.

# Meteore und Meteorite

Eisenmeteorit

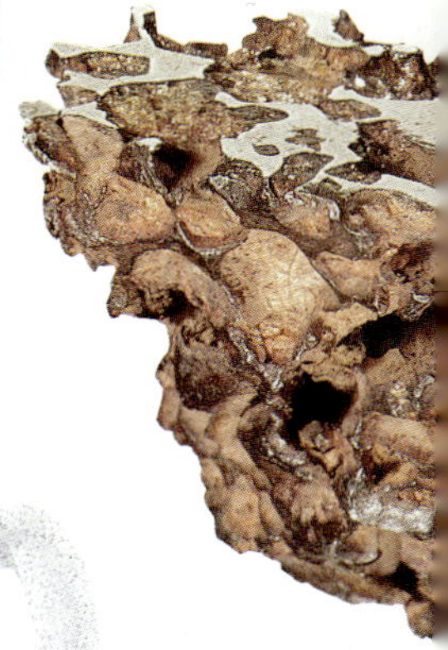

Beinahe in jeder dunklen, klaren Nacht kannst du die Leuchtspur einer »Sternschnuppe« über den Himmel zischen sehen. Aber diese Leuchtspur stammt nicht von einem Stern. Man nennt sie Meteor und sie wird von einem winzigen Stückchen Staub aus dem Weltraum erzeugt, das mit hoher Geschwindigkeit in die Erdatmosphäre eindringt, wo es etwa 90 km über uns verglüht. Diese Staubpartikel haben normalerweise die Größe von Sandkörnern. Manchmal treten aber größere Materiebrocken in unsere Atmosphäre ein und gelangen bis auf den Erdboden. Natürliches Material aus dem Weltall, das auf der Erde landet, nennen wir Meteorite.

## Woher kommen sie?

Zwischen den Planeten ist der Raum gefüllt mit Materialstücken von mikroskopisch kleinen Staubpartikeln bis zu großen Felsbrocken und umherschwirrenden Asteroiden. Die Erde wird ständig von diesen Trümmern natürlichen Weltraumschrotts bombardiert, die man Meteoroide nennt. Meteoroide von der Größe zwischen einem Sandkorn und einem Kieselstein verglühen vollständig in unserer Atmosphäre, sehr feiner Staub und größere Stücke jedoch können den Erdboden erreichen.

Partikeln aus sehr feinem Weltraumstaub nennt man Mikrometeorite und die Erde nimmt jedes Jahr ca. 10.000 Tonnen davon auf. Niemand weiß genau, wie viele größere Meteorite fallen, da die meisten nicht gesehen oder gefunden werden.

Kleine Staubpartikeln aus Kometen verursachen regelmäßige Meteorschauer, dann sieht man mehr Meteore am Himmel als in einer normalen Nacht. Astronomen haben herausgefunden, welche Kometen für die einzelnen Schauer verantwortlich sind, die man jedes Jahr um die gleiche Zeit sehen kann. Beispielsweise stammen zwei Meteorströme, die Orioniden im Oktober und die Eta Aquariden Anfang Mai, vom Halleyschen Kometen. Viele Meteorite scheinen aus dem Asteroidengürtel zu stammen. Diese Meteorite reflektieren das Sonnenlicht auf ähnliche Art wie Asteroiden. Man hat ein paar Meteorite gefunden, die vom Mond oder vom Mars stammen.

## Meteorströme

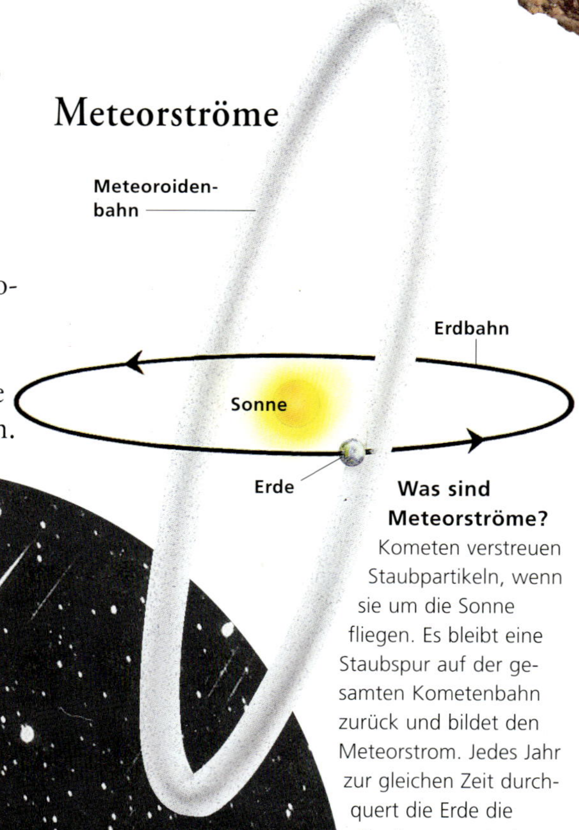


**Was sind Meteorströme?**
Kometen verstreuen Staubpartikeln, wenn sie um die Sonne fliegen. Es bleibt eine Staubspur auf der gesamten Kometenbahn zurück und bildet den Meteorstrom. Jedes Jahr zur gleichen Zeit durchquert die Erde die Staubspur und wir sehen einen periodischen Meteorschauer.

**Der Radiant**
Die Meteorspuren können alle auf einen einzigen Punkt am Himmel, den so genannten Radianten, zurückgeführt werden. Tatsächlich treten die Staubpartikeln entlang parallelen Bahnen in die Erdatmosphäre ein, aber wir sehen einen perspektivischen Effekt, so als ob man Eisenbahnschienen entlangblickt, die sich in der Ferne zu berühren scheinen. Ein Meteorschauer wird nach dem Sternbild benannt, in dem sein Radiant liegt

▷ **Meteorkrater in Arizona**

Ein über 10.000 Tonnen schwerer Eisenmeteorit erzeugte diesen 1200 m breiten Krater, als er vor etwa 50.000 Jahren im Gebiet des heutigen Arizona niederging. Ein Großteil von ihm wurde bei der Explosion zerstört, aber man hat in der Umgebung des Kraters zahlreiche Bruchstücke mit einem Gesamtgewicht von 18 Tonnen gefunden.

**Eisen-Stein-Meteorit**

**Steinmeteorit vom Mars**

**Woraus bestehen Meteorite?**

Die drei wichtigsten Arten von Meteoriten sind oben abgebildet. Eisenmeteorite bestehen aus Eisen und Nickel. Man kann ein Linienmuster ihrer Eisen- und Nickelkristalle erkennen, wenn man sie durchschneidet und poliert. Über 90 Prozent der Meteorite bestehen aus Stein. Der hier abgebildete Steinmeteorit stammt vom Mars. Etwa ein Prozent aller Meteorite besteht ungefähr je zur Hälfte aus Metall und Stein. Diese heißen Eisen-Stein-Meteorite.

**Hoba-Meteorit**

Der größte bekannte Meteorit ist immer noch dort, wo er 1920 in Namibia in Afrika gefunden wurde. Er wurde zu einem nationalen Denkmal. Das Gewicht dieses Eisenmeteoriten beträgt 55.000 kg.

## Landung eines Meteoriten

Es gibt Hinweise, dass in früheren Zeiten einige große Meteorite auf die Erde fielen. Auf unserem Planeten werden Einschlagkrater bald durch Wind und Regen abgetragen, trotzdem hat man jetzt ungefähr 70 von ihnen entdeckt. Der am besten erhaltene und bekannteste liegt in Arizona *(oben abgebildet)*.

Wenn ein Meteorit mit hoher Geschwindigkeit aufschlägt, kommt es zu einer heftigen Explosion, die einen Krater auswirft und einen Großteil des Meteoriten zerstört. Ein sehr großer Meteorit könnte verheerende Auswirkungen auf die ganze Erde haben, weil Staub in die Atmosphäre gewirbelt und riesige Brände angefacht werden. Manche Wissenschaftler glauben, dass ein gigantischer Meteorit für das Aussterben der Dinosaurier und vieler anderer Tierarten vor etwa 65 Millionen Jahren auf der Erde verantwortlich war.

Tausende von Meteoriten hat man in der Antarktis gefunden – mehr als auf der ganzen restlichen Erde zusammen. Sie werden entlang des sich langsam bewegenden Eises an die Oberfläche gebracht, sodass sich viele Meteorite, die vor langer Zeit auf die Erde fielen, an speziellen Stellen angesammelt haben, wo sie sich von der weißen Oberfläche gut abheben.

## Berühmte Meteorschauer

| | | | |
|---|---|---|---|
| Monat<br>Name<br>Maximum | Januar<br>Quadrantiden<br>3.-4. Januar | Monat<br>Name<br>Maximum | August<br>Perseiden<br>12. August |
| Monat<br>Name<br>Maximum | Mai<br>Eta Aquariden<br>4.-6. Mai | Monat<br>Name<br>Maximum | Oktober<br>Orioniden<br>21. Oktober |
| Monat<br>Name<br>Maximum | Juli/August<br>Delta Aquariden<br>29. Juli-6. August | Monat<br>Name<br>Maximum | Dezember<br>Geminiden<br>13.-14. Dez. |

# *Himmelsbeobachtung*

*Es ist aufregend und macht Spaß, selber die Sterne und Planeten zu entdecken – und es ist gar nicht schwierig. Du wirst überrascht sein, wie viel du schon allein mit deinen Augen sehen kannst. Ferngläser und Fernrohre jedoch zeigen dir noch viel mehr.*

Das Foto *(links)* zeigt einen Teil der vielen Sterne, die man in der Milchstraße beobachten kann.

## Einführung

Um die Sterne gut sehen zu können, musst du abseits vom Stadtlicht sein. Wenn es zu hell ist, kannst du nicht viele Sterne erkennen; von einem dunklen Standort aus wirst du viel mehr sehen. Zuerst ist es schwer, mehr als nur die hellsten Sterne zu sehen, aber nach etwa 20 Minuten haben sich deine Augen an die Dunkelheit gewöhnt. Wenn du eine Taschenlampe benutzt, nimm eine mit rotem Licht (oder bedecke eine normale Taschenlampe mit einem roten Filter), um deine an die Dunkelheit gewöhnten Augen nicht zu blenden.

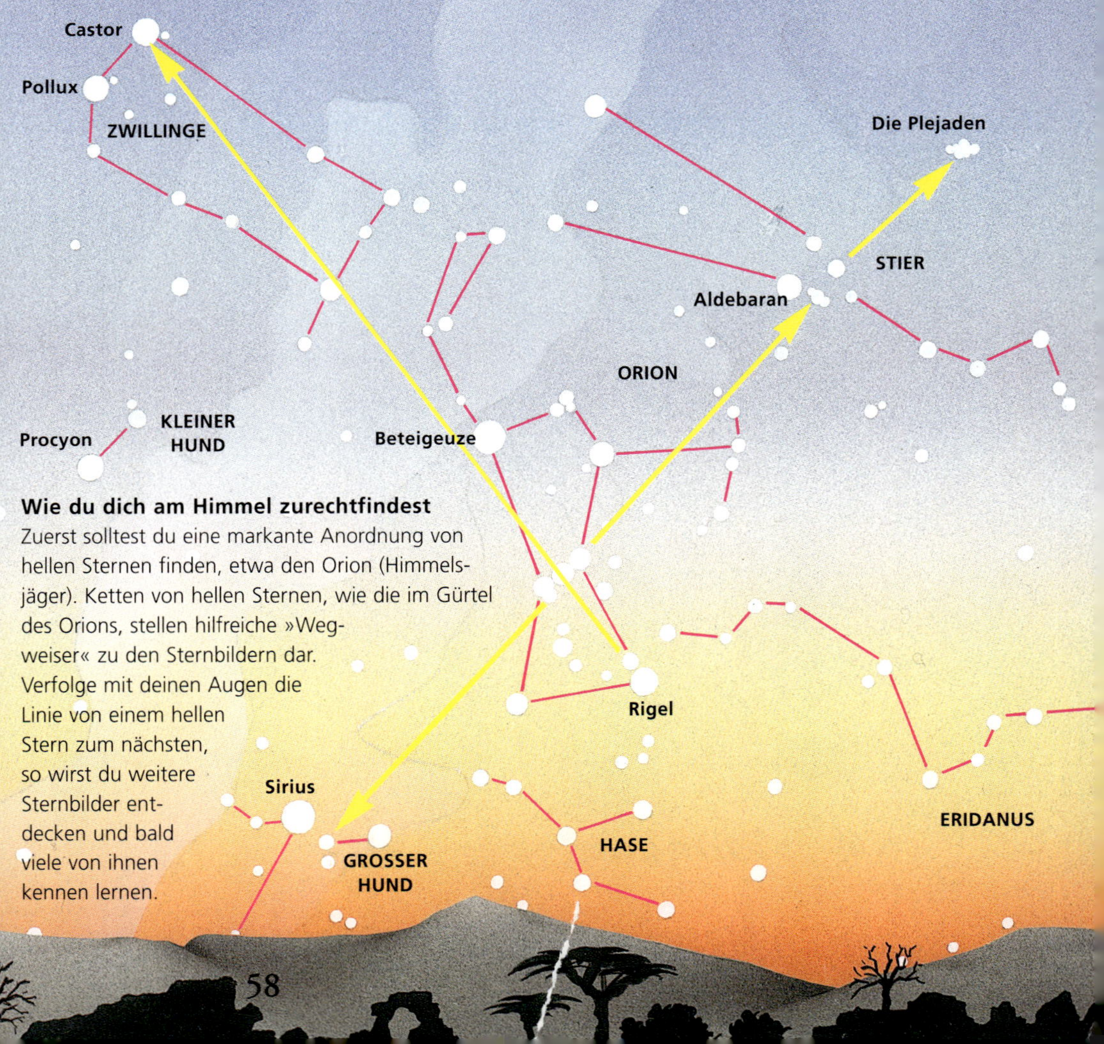


**Wie du dich am Himmel zurechtfindest**
Zuerst solltest du eine markante Anordnung von hellen Sternen finden, etwa den Orion (Himmelsjäger). Ketten von hellen Sternen, wie die im Gürtel des Orions, stellen hilfreiche »Wegweiser« zu den Sternbildern dar. Verfolge mit deinen Augen die Linie von einem hellen Stern zum nächsten, so wirst du weitere Sternbilder entdecken und bald viele von ihnen kennen lernen.

# Ferngläser und Teleskope

Ein Fernrohr bündelt das Licht in deinen Augen. Dazu wird entweder eine Linse (in einem so genannten Refraktor) oder ein gekrümmter Spiegel (in einem Reflektor) benutzt, um Licht zu sammeln und ein Bild zu erzeugen. Die Linse bzw. der Spiegel ist viel größer als die Augenpupille, daher nimmt es viel mehr Licht auf als dein bloßes Auge und du kannst schwache Sterne und Galaxien sehen. Das Okular in einem Fernrohr – die Linse, durch die du durchschaust – vergrößert das zu beobachtende Objekt, sodass du beispielsweise die Saturnringe, die Wolkenbänder auf Jupiter und Mondberge sehen kannst. Die Sterne sind jedoch so weit entfernt, dass sie trotz Vergrößerung nur Lichtpunkte bleiben. Die meisten Ferngläser sind nicht so stark wie Fernrohre, aber sie sind billiger und ideal für Anfänger.

Reflektor

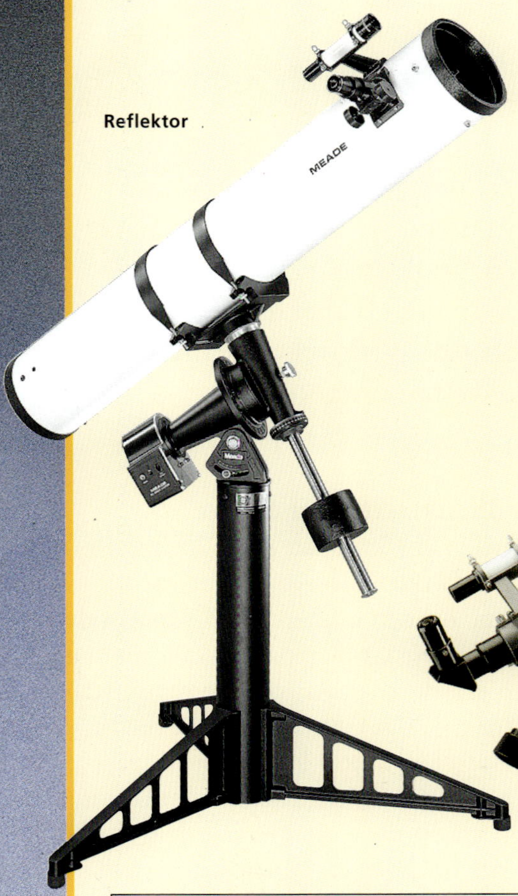

Refraktor

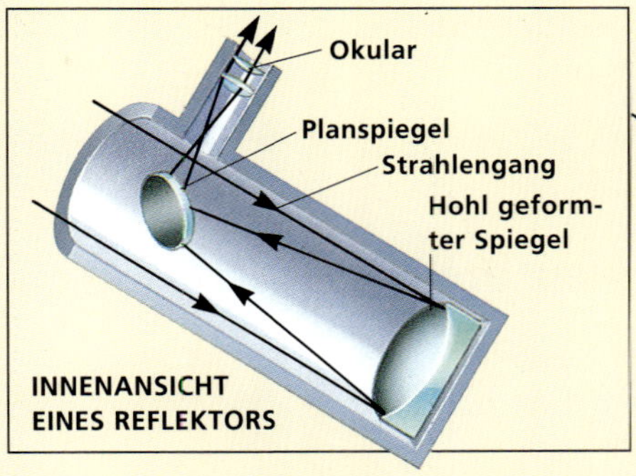


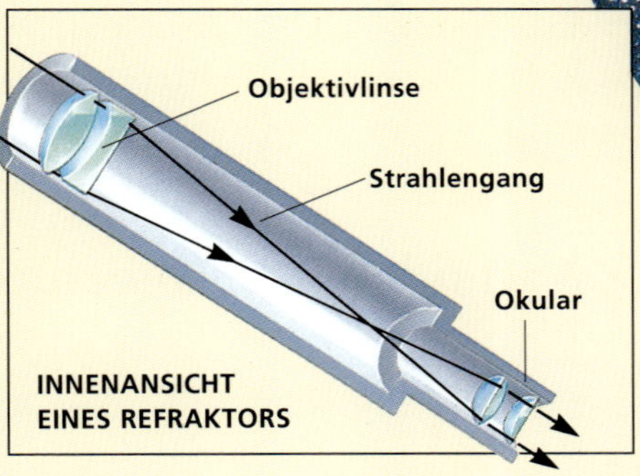


**Beobachtungen am Nachthimmel**
Auf den Sternkarten auf den S. 65-67 kannst du sehen, welche Sterne du zu einem bestimmten Zeitpunkt erkennen kannst. Wenn du mit der Sternenbeobachtung anfängst, wird dir auffallen, dass die Sterne funkeln. Das kommt daher, weil ein Stern ein Lichtpunkt ist, dessen Lichtstrahl durch Luftströmungen in der Erdatmosphäre leicht gestört wird. Die besten Nächte, um scharfe Bilder zu erhalten, sind solche mit geringer Luftunruhe.

Planeten funkeln niemals so stark wie Sterne. Alle Planeten sind viel näher an der Erde als jeder Stern, sodass der Lichtstrahl, der uns von einem Planetenscheibchen erreicht, viel breiter ist als der Lichtstrahl eines Sterns und daher weniger flackert. Ihr gleichmäßiges Licht hilft dir dabei, die Planeten von den Sternen zu unterscheiden. Venus, Mars, Jupiter und Saturn erscheinen zu manchen Zeiten sehr hell am Himmel.

Venus ist regelmäßig als strahlendes Objekt im Osten vor Sonnenaufgang oder im Westen nach Sonnenuntergang sichtbar. Der rote Mars wird etwa alle zwei Jahre für einige Wochen sehr hell: Er braucht etwas mehr als zwei Jahre, um der Erde wieder nahe zu kommen und ist über ein Jahr lang zu weit weg, um gut beobachtbar zu sein. Jupiter und Saturn ändern ihre Positionen langsam und sind jedes Jahr mehrere Monate lang gut sichtbar.

Der Mond gehört zu den am besten beobachtbaren Objekten. Es ist einfach, die größten Krater und dunklen Mare aufzufinden. Schau doch mal in die Nähe der Grenze zwischen den hellen und dunklen Teilen des Mondes (man nennt sie »Terminator«). Hier sehen die Berge und Krater besonders eindrucksvoll aus. Sie werfen lange dunkle Schatten, weil das Sonnenlicht in einem flachen Winkel auftrifft.

Um Meteorschauer zu beobachten *(siehe S. 57)*, brauchst Du überhaupt kein Fernrohr – nur warme Kleidung und einen bequemen Stuhl.

# Sternennächte

Die Sterne gehen wie die Sonne im Osten auf und im Westen unter. Zu diesem nächtlichen Schauspiel kommt es infolge der Erddrehung. Ein Stern braucht nur rund 23 Stunden und 56 Minuten, um wieder an die gleiche Position an unserem Himmel zurückzukehren. Die Sonne braucht dafür 24 Stunden, da die Erde, während sie sich um ihre Achse dreht, sich auch entlang ihrer Bahn um die Sonne weiterbewegt. Das bedeutet, dass die Sterne täglich um vier Minuten früher aufgehen, und wir sehen jedes Mal bei Einbruch der Nacht beispielsweise die Sterne im Süden ein kleines Stückchen weiter nach Westen verschoben.

## Zirkumpolare Sterne

Je nachdem, auf welcher geographischen Breite du dich befindest, bleiben manche Sternbilder über dem Horizont und gehen niemals auf oder unter. Man nennt sie Zirkumpolar-Sternbilder. Der Große Wagen im Sternbild Großer Bär (Ursa Maior) ist für die Menschen in Mittel- und Nordeuropa zirkumpolar. Ganz im Süden Europas ist der Große Wagen zu manchen Zeiten teilweise unter dem Horizont. Der Kleine Bär (Ursa Minor) ist von allen Orten Europas aus zirkumpolar.

## Größenklassen der Sterne

Je heller ein Stern ist, umso kleiner ist seine »Größenklasse« – die hellsten Sterne haben Größenklassen von -1 oder kleiner. Die Größenklassenskala geht auf den griechischen Astronomen Hipparch zurück. 120 v. Chr. teilte er die Sterne entsprechend ihrer Helligkeit in sechs Klassen ein. Er hatte keine Instrumente und klassifizierte sie nur mit dem Auge. Heute ist die Skala genauer unterteilt worden. Sterne schwächer als die 6. Größenklasse sind mit dem bloßen Auge nicht mehr sichtbar.

**Sterne am Himmelsnordpol**
Bei dieser Langzeitaufnahme der Sterne war die Kamera auf den Himmelsnordpol gerichtet. Durch die Erddrehung scheinen die Sterne um den Pol zu kreisen, sodass jeder Stern eine Strichspur wie den Teil eines Kreises erzeugt. Die kleinste und hellste Spur, die man sehen kann, stammt vom Polarstern, der auch Nordstern genannt wird.

## Der Nachthimmel in verschiedenen Breitengraden

**Was kannst du sehen?**
Es gibt in allen Richtungen des Weltraums Sterne, aber von der Erdoberfläche aus können wir auf einen Blick nur die Hälfte von ihnen sehen. Die Erde versperrt unseren Blick auf die andere Hälfte. Unser Blick auf die Sterne hängt von unserer geographischen Breite ab *(siehe S. 64)*.

Beginnen wir in nördlichen Breiten, beispielsweise in Deutschland (1). Nimm einen Stern, der etwa in der Mitte zwischen dem Punkt direkt über dir und dem Südhorizont ist. Wenn wir dann an den Äquator reisen (2), würde der gleiche Stern senkrecht über unseren Köpfen leuchten.

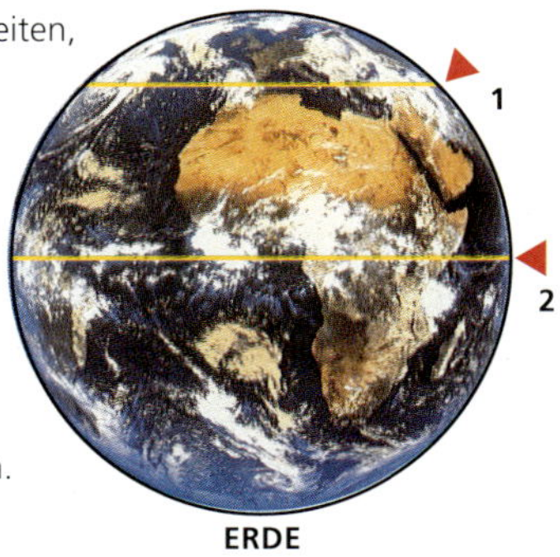


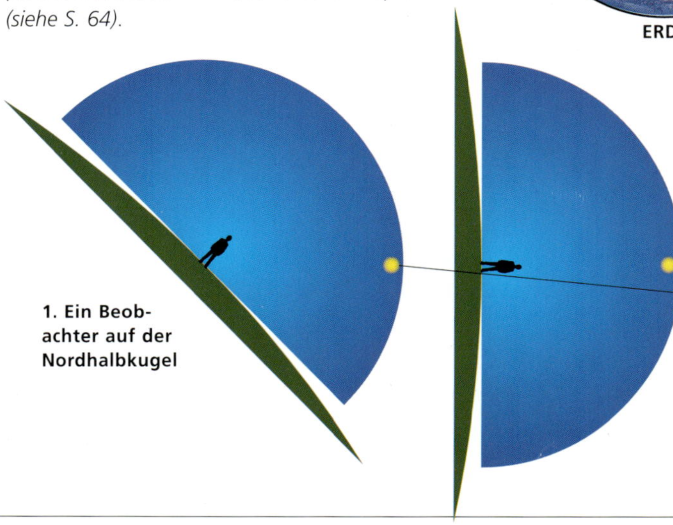


### HELLE STERNE IN ZAHLEN

**DIE HELLSTEN STERNE**

| Name | Sternbild | Größenklasse |
|---|---|---|
| Sirius | Canis Maior (Großer Hund) | -1,5 |
| Canopus | Carina (Schiffskiel) | -0,7 |
| Alpha Centauri | Centaurus (Zentaur) | -0,3 |
| Arktur | Bootes (Bärenhüter) | 0,0 |
| Wega | Lyra (Leier) | 0,0 |
| Capella | Auriga (Fuhrmann) | 0,1 |
| Rigel | Orion | 0,1 |
| Procyon | Canis Minor (Kleiner Hund) | 0,4 |
| Achernar | Eridanus | 0,5 |
| Beteigeuze | Orion | 0,5 |
| Hadar | Centaurus (Zentaur) | 0,6 |
| Atair | Aquila (Adler) | 0,8 |
| Aldebaran | Taurus (Stier) | 0,9 |
| Acrux | Crux (Kreuz des Südens) | 0,9 |

# Jahreszeitliche Sternbilder

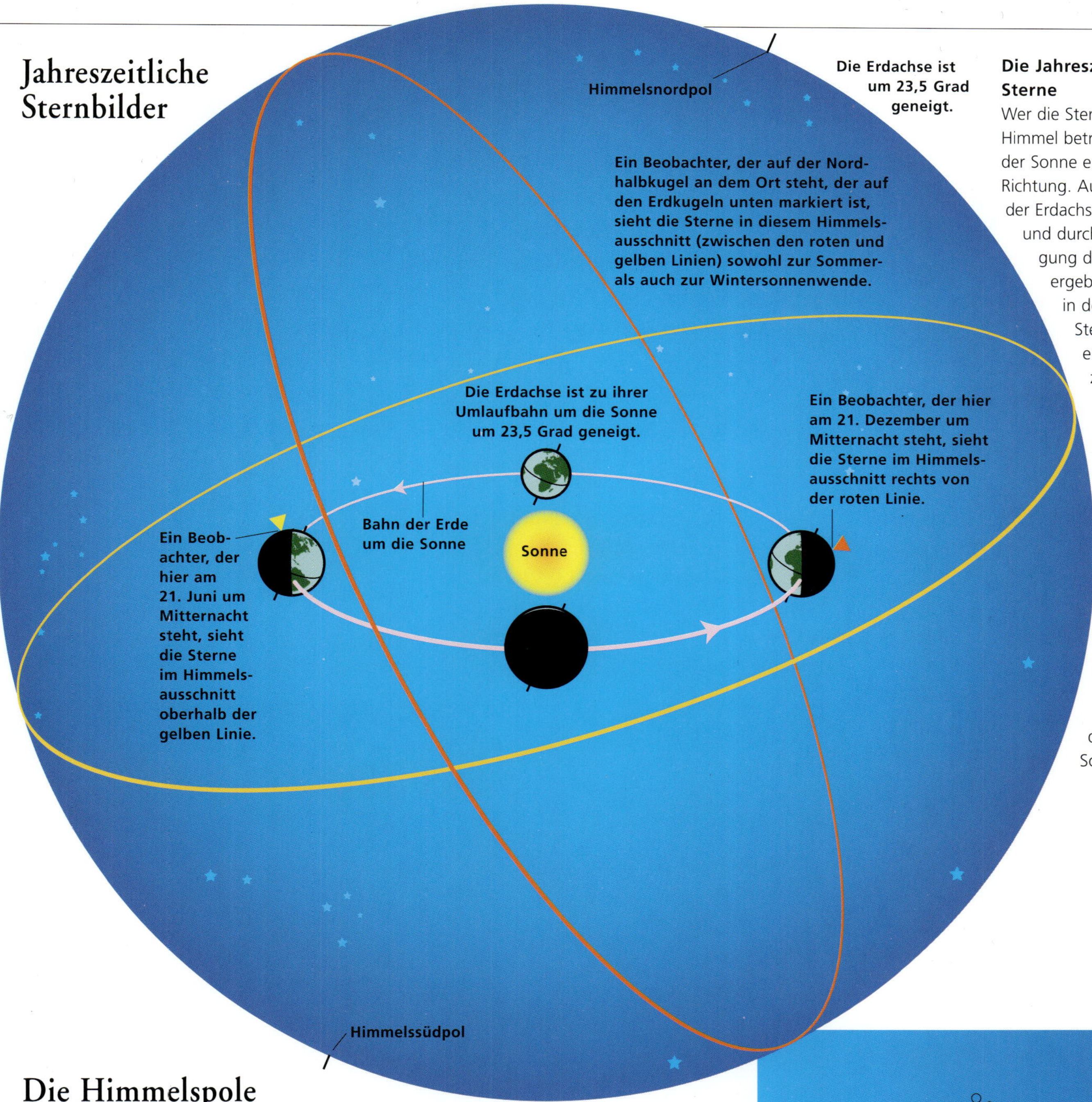


### Die Jahreszeiten und ihre Sterne

Wer die Sterne am nächtlichen Himmel betrachtet, schaut in die der Sonne entgegengesetzte Richtung. Aufgrund der Neigung der Erdachse um ca. 23,5 Grad und durch die jährliche Bewegung der Erde um die Sonne ergeben sich Änderungen in der Sichtbarkeit der Sternbilder. Zugleich entstehen die Jahreszeiten. Im Juni beispielsweise ist auf der Nordhalbkugel Sommer, weil diese zur Sonne hingeneigt ist. Gleichzeitig herrscht in der südlichen Hemisphäre Winter, da diese von der Sonne abgeneigt ist. Sechs Monate später, im Dezember, ist es auf der Nordhalbkugel Winter und auf der Südhalbkugel Sommer.

# Die Himmelspole

### Der Polarstern

Die Himmelspole sind gedachte Punkte am Himmel, die direkt über den Erdpolen liegen. Von der Nordhalbkugel aus kann man einen hellen Stern, den Polarstern, nahe beim Himmelsnordpol sehen. Da er so nahe am Pol steht, scheint er sich kaum zu bewegen, wohingegen andere Sterne im Laufe einer Nacht um ihn kreisen. Eine berühmte Sterngruppe nahe dem Himmelsnordpol ist der Große Wagen, der zum Sternbild Großer Bär gehört. Zwei seiner Sterne zeigen zum Polarstern.

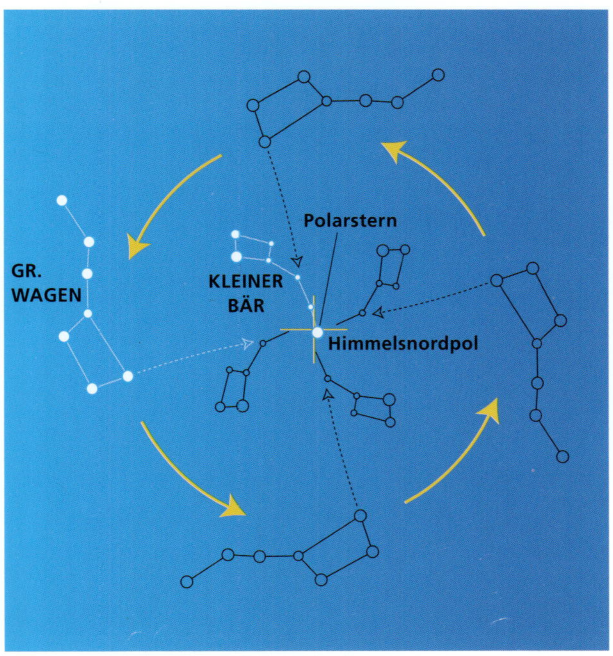


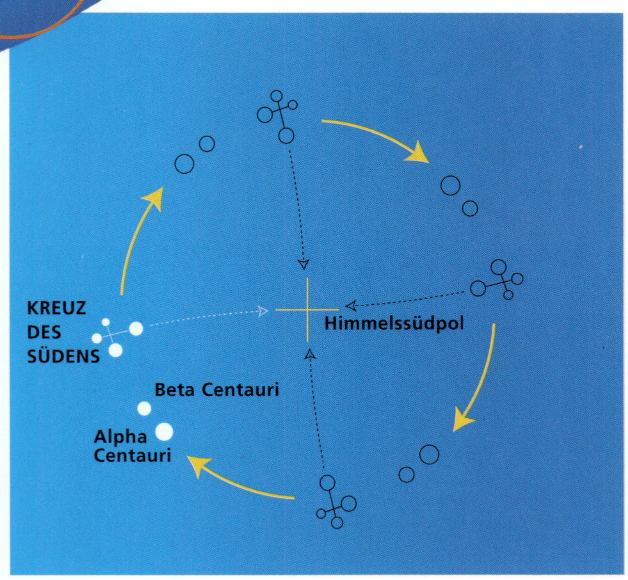


### Das Kreuz des Südens

Es gibt keinen hellen Stern in unmittelbarer Nähe des Himmelssüdpols, aber das berühmte Sternbild Kreuz des Südens ist nicht weit vom Pol entfernt. Man kann den Südpol finden, wenn man in Gedanken den langen Balken des Kreuz des Südens etwa 5-mal verlängert.

# Sternbilder

Seit jeher haben die Menschen in vielen Ländern den Sternen Namen gegeben und sich Geschichten über die Sternbilder erzählt. Viele der heute noch gebräuchlichen Namen wurden vor Jahrtausenden von griechischen und arabischen Astronomen vergeben. Der griechische Astronom Ptolemäus stellte im 2. Jahrhundert n. Chr. eine Liste mit 48 Sternbildern auf. Sie basierten meist auf Mythen der alten Römer und Griechen. Heute gebrauchen die Astronomen 88 Sternbilder, die offiziell alle lateinische Namen tragen.

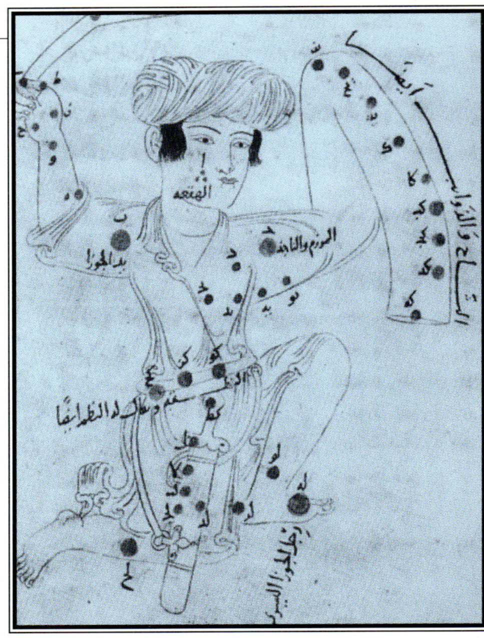

**Antike arabische Darstellung des Orions**
Diese 1000 Jahre alte Darstellung des Orions (des Himmelsjägers) stammt von dem arabischen Astronomen Al-Sufi. Sie zeigt Orion, der ein gebogenes Schwert hält. Al-Sufi schrieb eine Liste mit 1018 hellen Sternen und machte Zeichnungen wie diese.

### Sternnamen

Nahezu alle sehr hellen Sterne besitzen einen Eigennamen. Viele stammen von Namen ab, die ursprünglich von arabischen Astronomen vor mehr als 1000 Jahren vergeben wurden, beispielsweise Beteigeuze und Rigel im Orion. Aber helle Sterne besitzen auch Namen, die von ihrem Sternbild herrühren. Im 17. Jahrhundert gab man den Sternen einen griechischen Buchstaben (z. B. alpha, beta oder gamma) mit einem nachfolgenden Kürzel ihres Sternbildnamens. So wird Beteigeuze auch als Alpha Orionis und Rigel als Beta Orionis bezeichnet. Als den Astronomen die griechischen Buchstaben ausgingen, verwendeten sie Nummern, daher gibt es Sterne mit der Bezeichnung wie 32 Orionis und 60 Orionis. Heute erhalten manche Sterne Katalognummern und schwache Sterne haben nur eine Nummer.

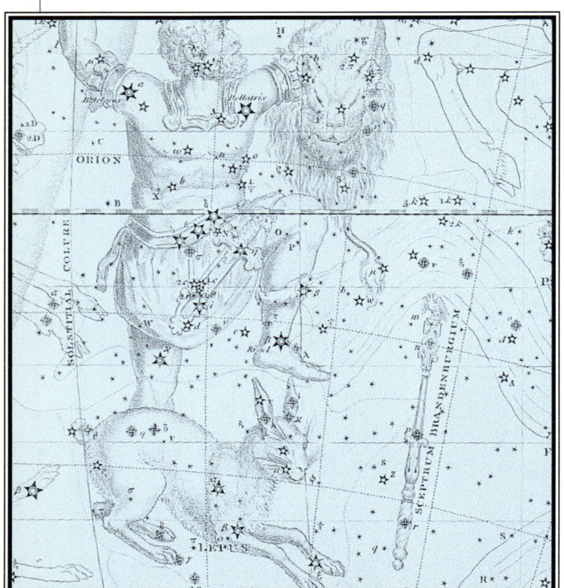

**Orion in einem alten Atlas**
Dieses Bild des Orions stammt aus einem Sternatlas von 1822. In der Mitte bilden drei helle Sterne den Gürtel des Orions mit dem Schwert darunter. Manche Sterne tragen die arabischen Namen, die ihnen von Al-Sufi (siehe oben rechts) gegeben wurden.

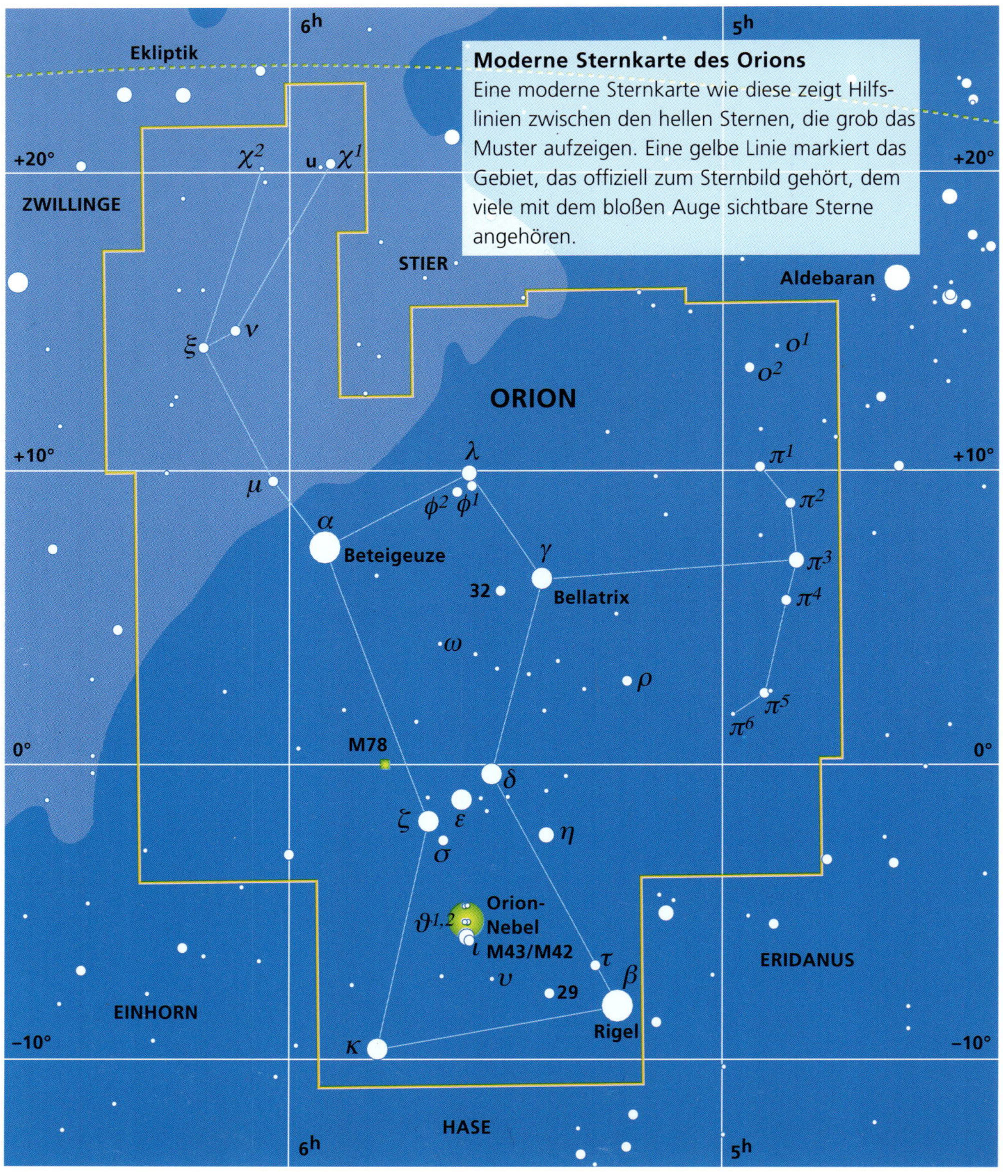


**Moderne Sternkarte des Orions**
Eine moderne Sternkarte wie diese zeigt Hilfslinien zwischen den hellen Sternen, die grob das Muster aufzeigen. Eine gelbe Linie markiert das Gebiet, das offiziell zum Sternbild gehört, dem viele mit dem bloßen Auge sichtbare Sterne angehören.

## Bahn der Sonne

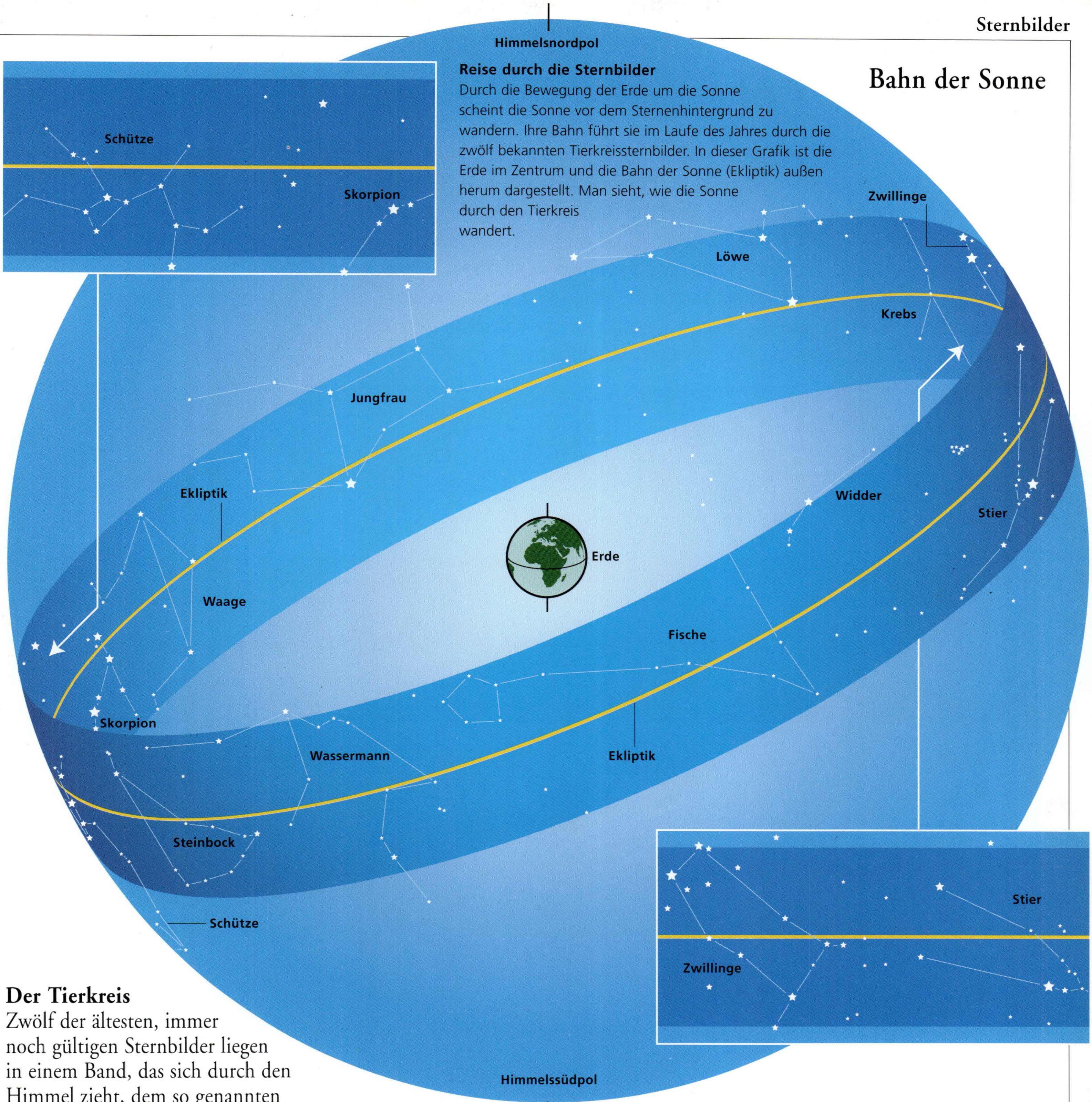


**Reise durch die Sternbilder**
Durch die Bewegung der Erde um die Sonne scheint die Sonne vor dem Sternenhintergrund zu wandern. Ihre Bahn führt sie im Laufe des Jahres durch die zwölf bekannten Tierkreissternbilder. In dieser Grafik ist die Erde im Zentrum und die Bahn der Sonne (Ekliptik) außen herum dargestellt. Man sieht, wie die Sonne durch den Tierkreis wandert.

### Der Tierkreis

Zwölf der ältesten, immer noch gültigen Sternbilder liegen in einem Band, das sich durch den Himmel zieht, dem so genannten »Zodiakus«. Das Wort Zodiakus bedeutet »Tierkreis« und dazu gehören – mit Ausnahme der Waage – Sternbilder, die nach Tieren wie Leo (Löwe) oder Personen wie Gemini (Zwillinge) benannt sind.

Obwohl einige der Tierkreissternbilder nur schwache Sterne enthalten, sind ihre Namen sehr bekannt, da sie auf dem jährlichen Weg der Sonne am Himmel liegen. Die Sonne läuft noch durch ein weiteres Sternbild, Ophiuchus (Schlangenträger), das nicht zum traditionellen Tierkreis gehört. Sonne, Mond und die Planeten befinden sich immer im Tierkreis oder ganz in der Nähe davon. Daher hielten ihn die Menschen früher für eine magische Bahn durch die Sterne. Die Lehre der Astrologie basiert auf dem Gedanken, dass die Bewegungen von Sonne, Mond und Planeten im Tierkreis Einfluss auf menschliches Verhalten haben und für Voraussagen über Charakter und Zukunft genutzt werden können. In der Astrologie ist der Tierkreis in zwölf gleiche Sektoren eingeteilt, die »Zeichen« genannt werden. Die Zeichen haben die gleichen Namen wie die zwölf Tierkreissternbilder, jedoch sind sie heute nicht mehr an den gleichen Positionen, weil sich die Sonnenbahn verschoben hat.

Es gibt aber keinen wissenschaftlichen Hinweis darauf, dass die Planeten irgendeinen Einfluss auf uns haben.

# Sternkarten

Diese Sternkarten sollen als Wegweiser zu den helleren Sternen und den meisten bekannten Sternbildern dienen und dir beim Einstieg in die Himmelsbeobachtung helfen. Um die Karten übersichtlicher zu gestalten, enthalten sie nicht alle 88 Sternbilder, sondern nur die, die man sehr leicht findet. Du wirst viele davon entdecken können, selbst wenn du in einer hell erleuchteten Stadt bist. Die drei Kartensätze auf den folgenden Seiten zeigen die Sterne, die du von verschiedenen Orten auf der Welt zu den unterschiedlichen Jahreszeiten sehen kannst.

**Bestimmung der geographischen Breitenzone**
Damit du die richtigen Karten auswählst, musst du wissen, von welcher geographischen Breitenzone aus du beobachtest. Die nördlichste Zone, die in diesem Buch aufgenommen ist, geht von 40° Nord bis 60° Nord. Innerhalb dieser Zone liegt beispielsweise ganz Mitteleuropa. Die mittlere Zone zwischen 20° Nord und 40° Nord gilt für den südlichen Teil Europas, Nordafrika oder die Südstaaten der USA. Zur südlichen Zone, von 20° Süd bis 40° Süd, gehören die meisten großen Städte in Australien und Südafrika.

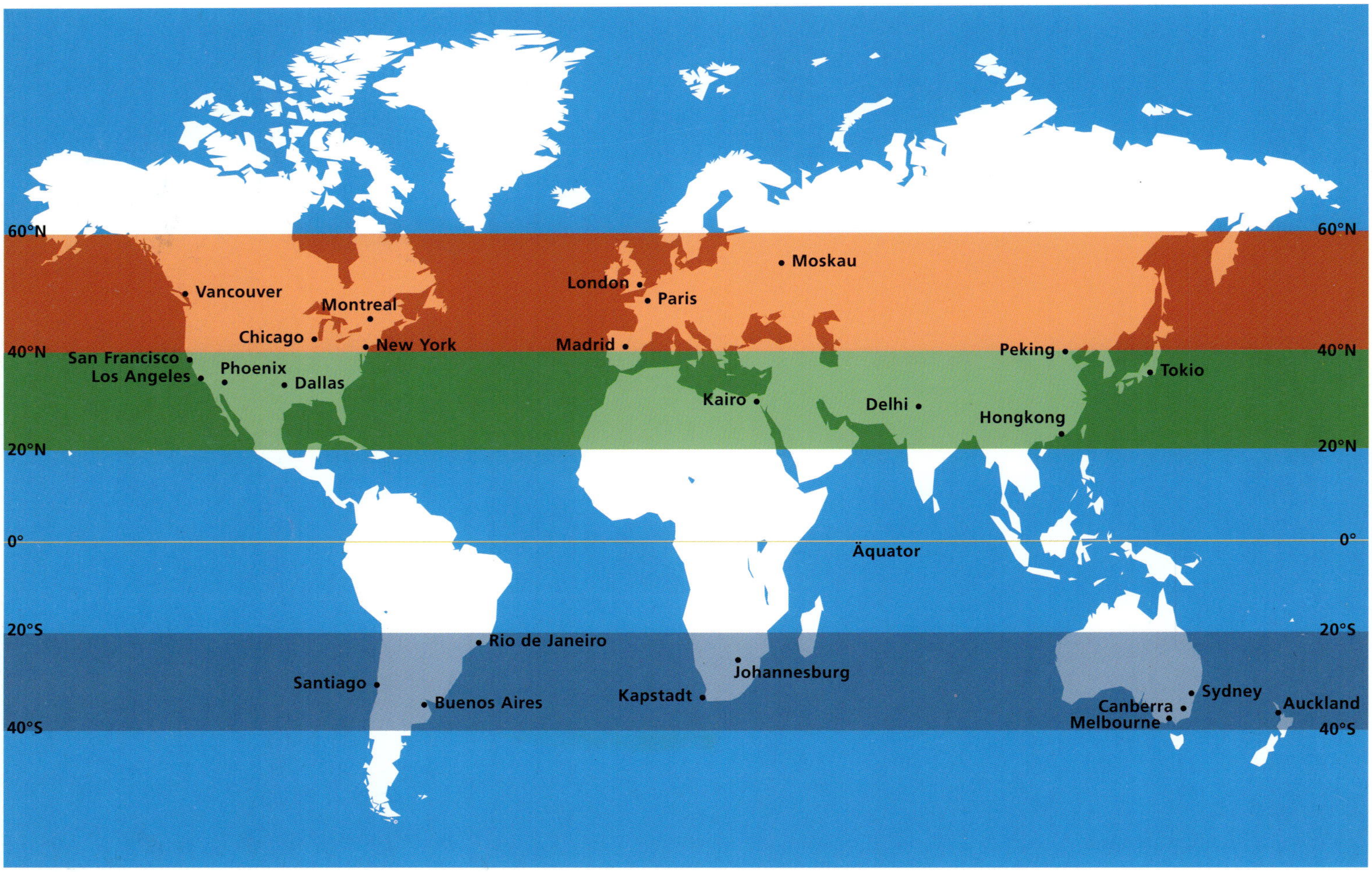


## Benutzung der Sternkarten

Welche Sterne du in einer klaren Nacht sehen kannst, hängt zum einen davon ab, auf welcher geographischen Breite (das heißt, wie weit nördlich oder südlich des Äquators) du dich befindest, zum anderen von der Jahres- und der Uhrzeit. Dieses Buch beinhaltet Karten für drei verschiedene geographische Breitenzonen. Die oben abgebildete Weltkarte hilft dir dabei zu bestimmen, zu welcher Zone die geographische Breite deines Beobachtungsortes gehört.

Du findest die Sternkarten für Breiten zwischen 40° Nord und 60° Nord auf S. 65, für 20° bis 40° Nord auf S. 66 und für 20° bis 40° Süd auf S. 67.

Auf der Seite mit den jeweiligen Karten sind die Sternbilder am Nachthimmel für die vier Jahreszeiten in jeweils zwei Halbkreisen dargestellt. Such dir das Paar für die Jahreszeit aus, zu der du beobachtest. Die linke Karte zeigt dir den Himmel, wenn du nach Norden schaust, und die rechte, wenn du den Himmel in Richtung Süden betrachtest. Neben den Karten sind Daten und Uhrzeiten angegeben, zu denen die Karten genau stimmen, aber auch zu anderen Zeiten gelingt mit ihnen das Auffinden der Sternbilder. Während der Sommerzeit musst du zu den angegebenen Zeiten eine Stunde addieren.

Die Größe der Sternpunkte gibt ihre Helligkeit an – je größer ein Punkt, umso heller der Stern. Der Mond und die Planeten sind nicht auf diesen Karten eingezeichnet, da sich ihre Positionen ständig ändern.

# Sternkarten für geographische Breiten von 40° bis 60° Nord

## Wintersternhimmel

1.00 Uhr, 1. Dezember
23.00 Uhr, 1. Januar
21.00 Uhr, 1. Februar

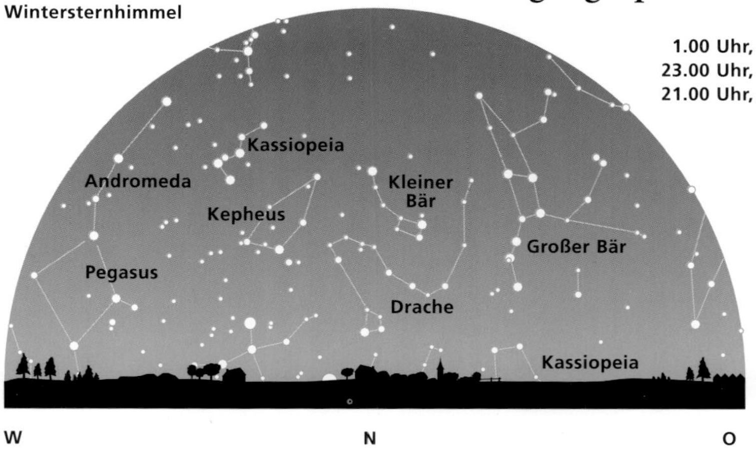


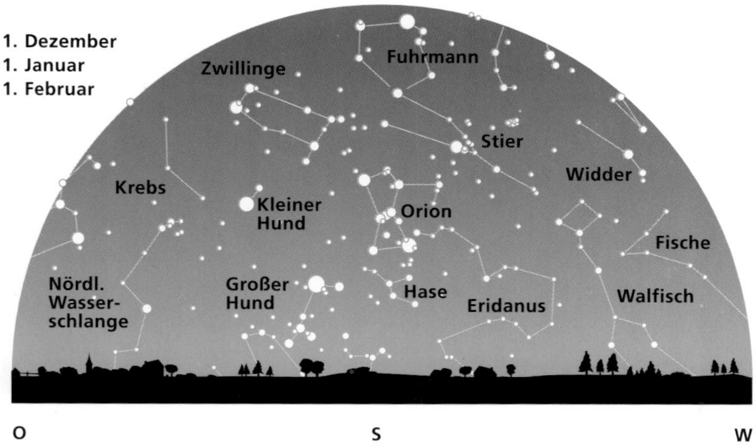


## Frühlingssternhimmel

1.00 Uhr, 1. März
23.00 Uhr, 1. April
21.00 Uhr, 1. Mai

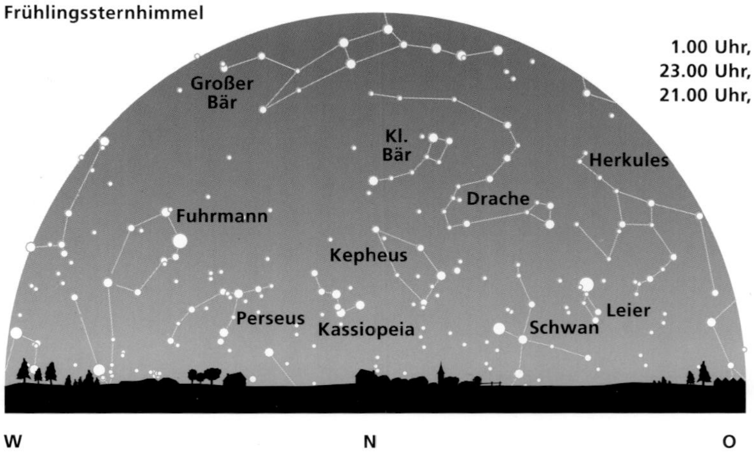


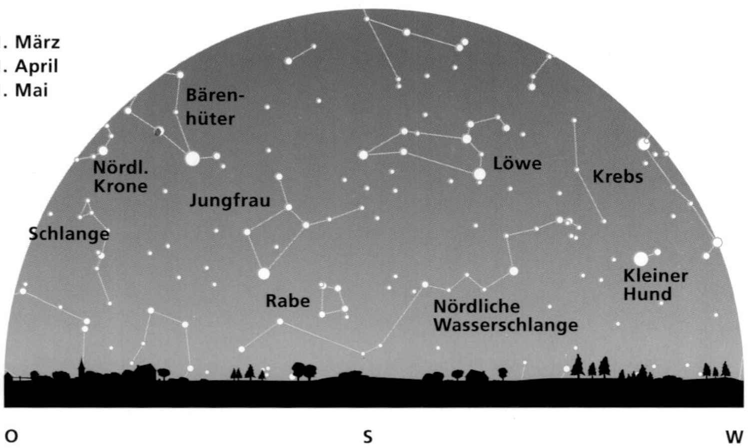


## Sommersternhimmel

1.00 Uhr, 1. Juni
23.00 Uhr, 1. Juli
21.00 Uhr, 1. August

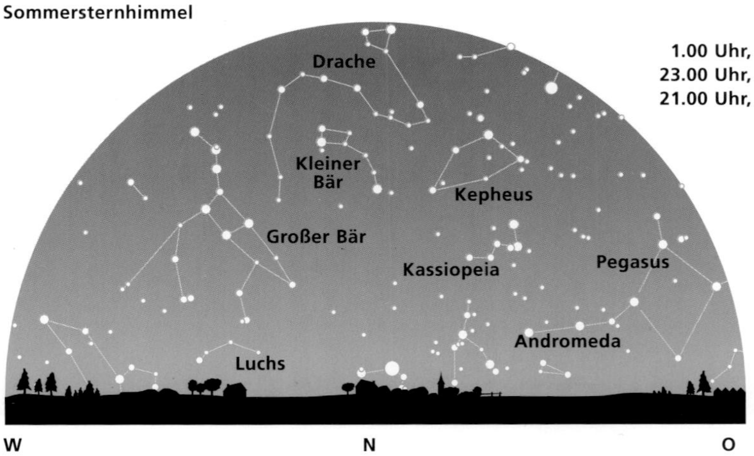


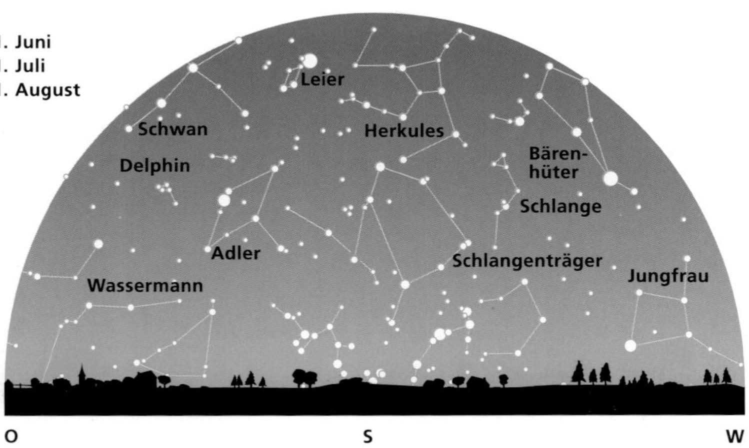


## Herbststernhimmel

1.00 Uhr, 1. September
23.00 Uhr, 1. Oktober
21.00 Uhr, 1. November

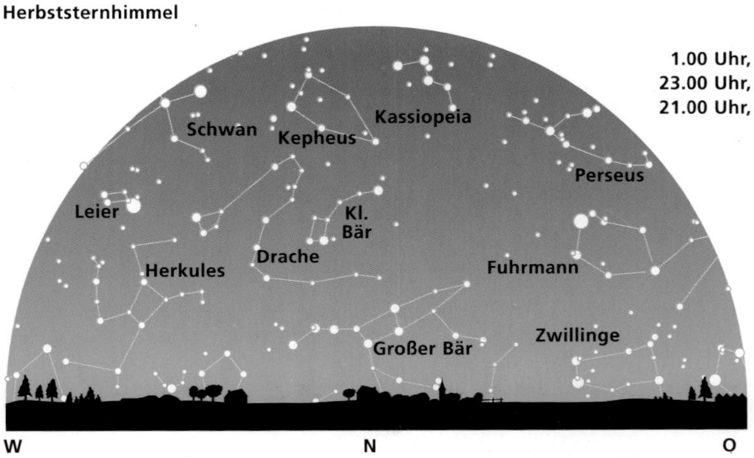


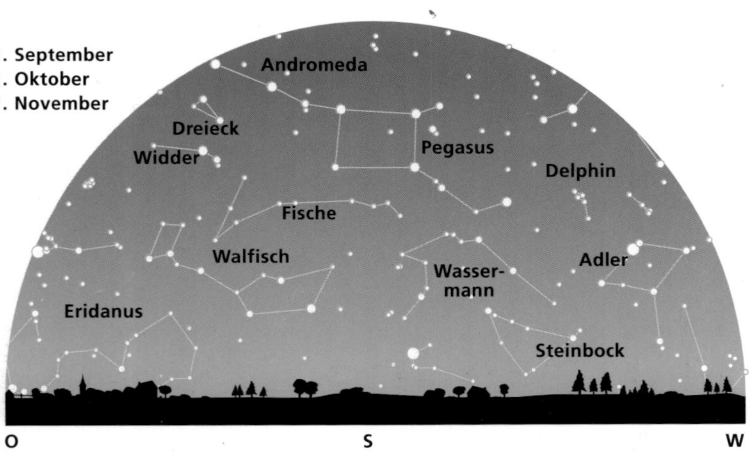

# Sternkarten für geographische Breiten von 20° bis 40° Nord

Wintersternhimmel

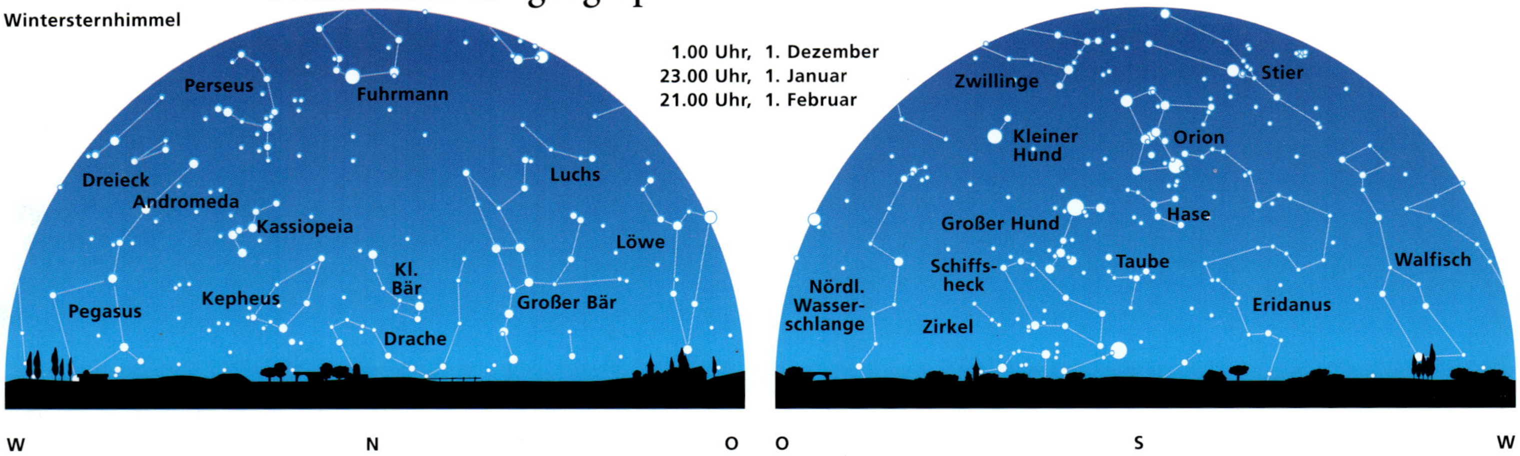


Frühlingssternhimmel

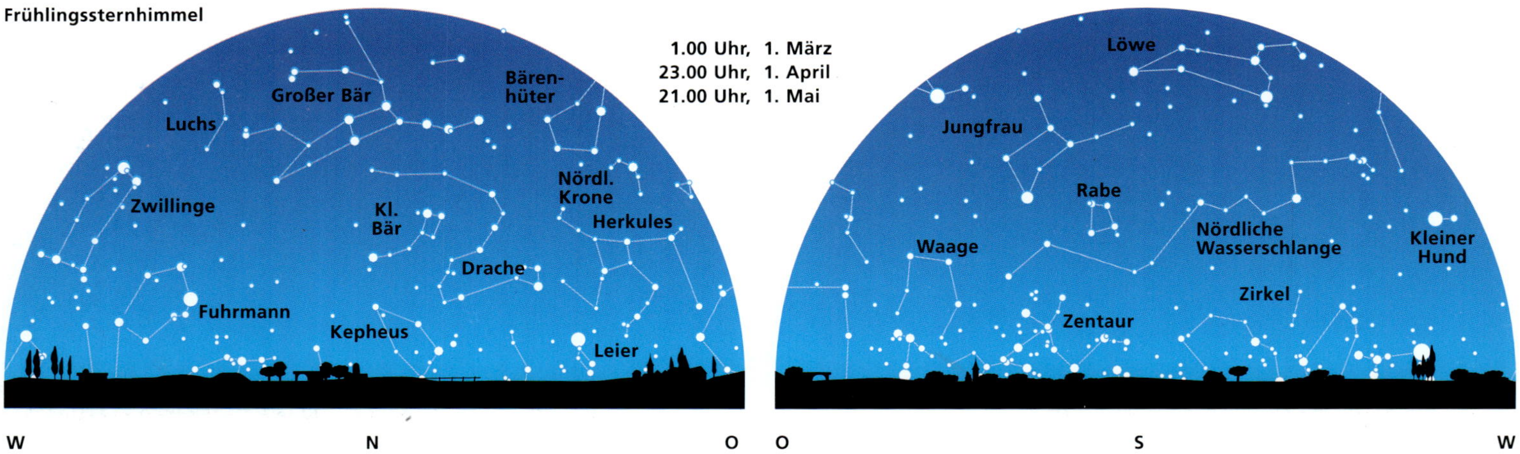


Sommersternhimmel

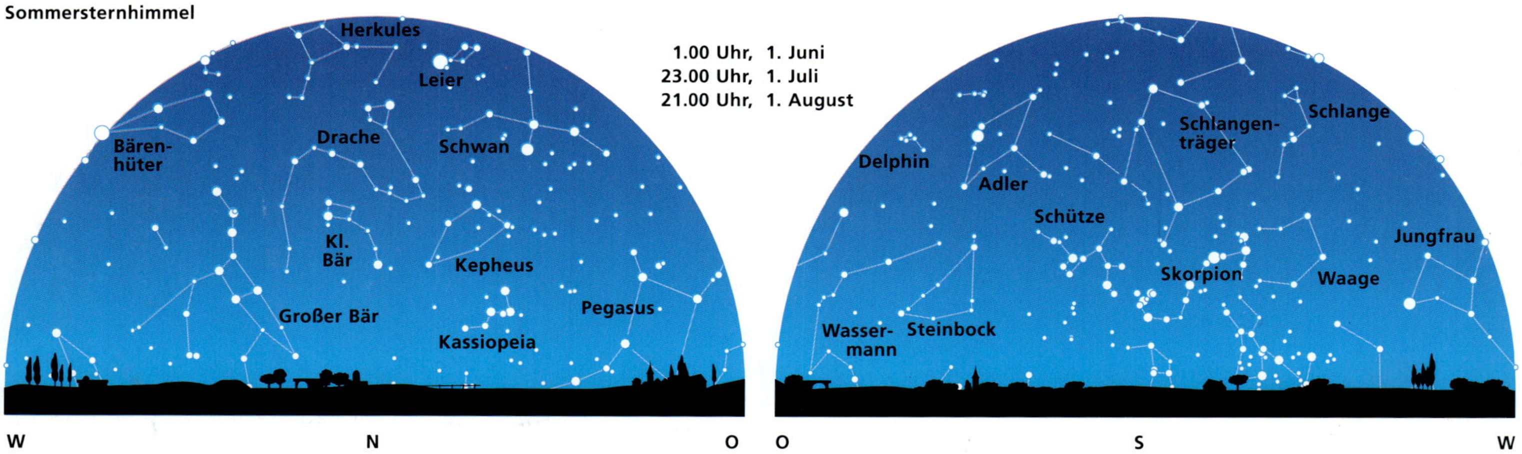


Herbststernhimmel

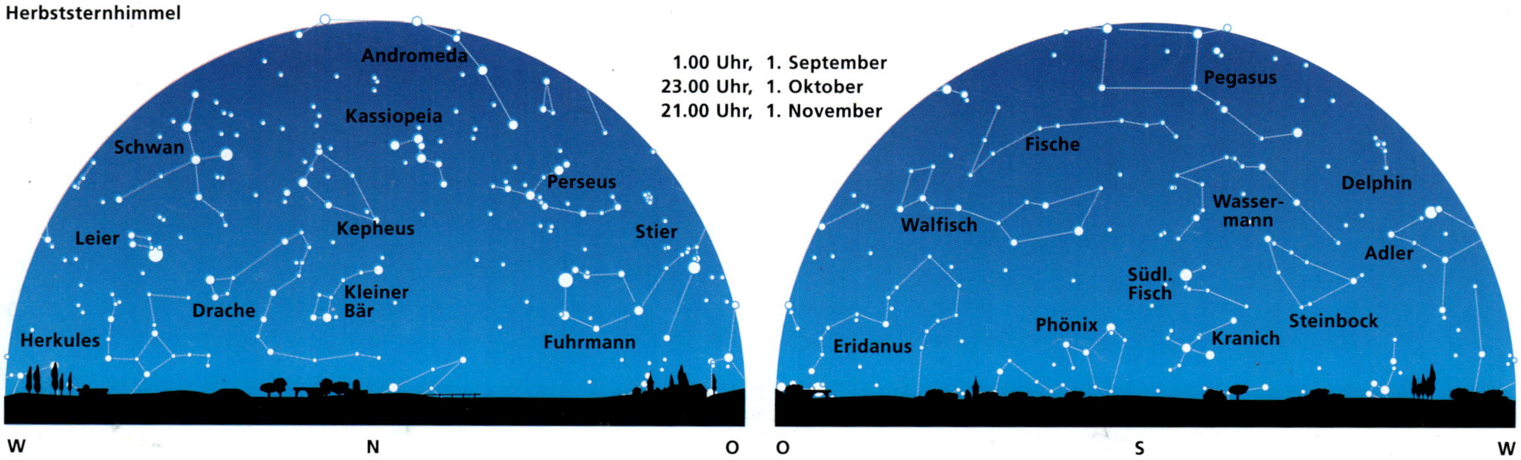

# Sternkarten für geographische Breiten von 20° bis 40° Süd

## Sommersternhimmel

1.00 Uhr, 1. Dezember
23.00 Uhr, 1. Januar
21.00 Uhr, 1. Februar

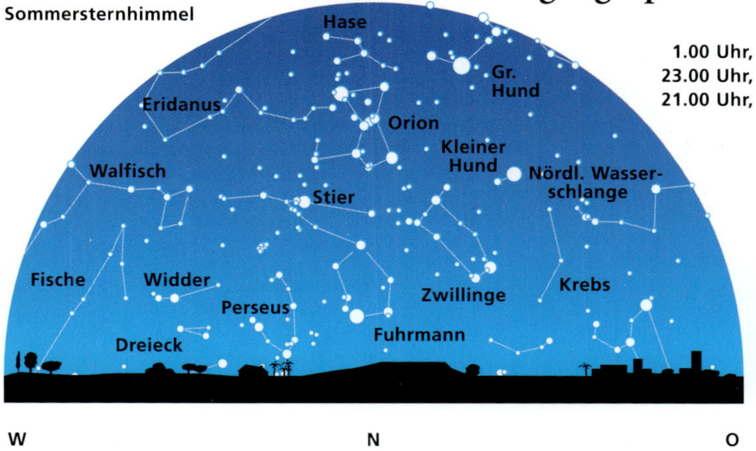


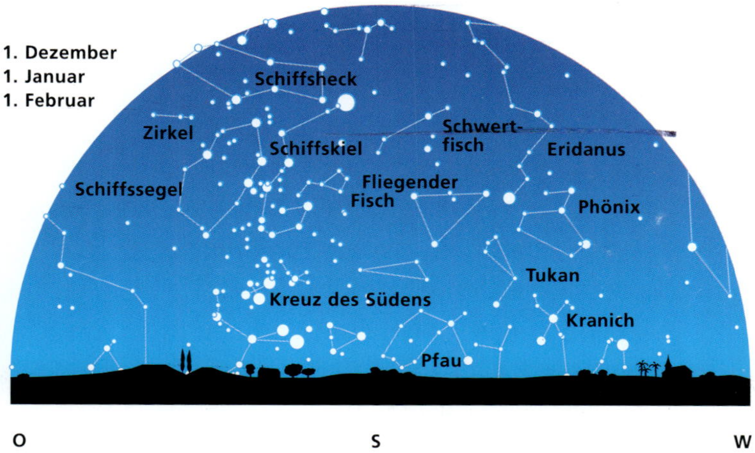


## Herbststernhimmel

1.00 Uhr, 1. März
23.00 Uhr, 1. April
21.00 Uhr, 1. Mai

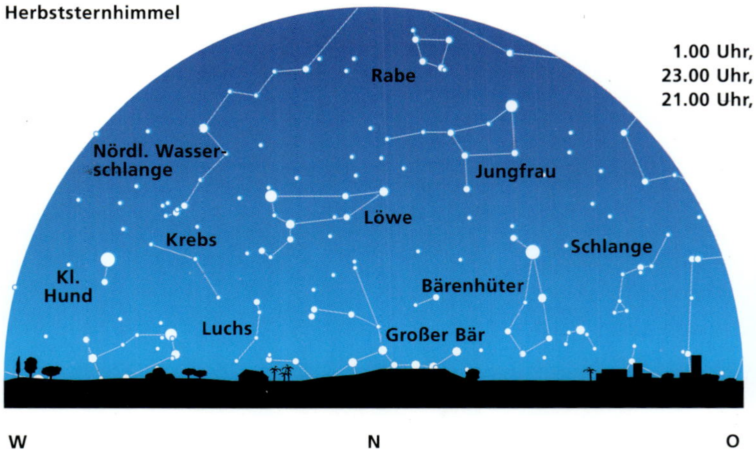


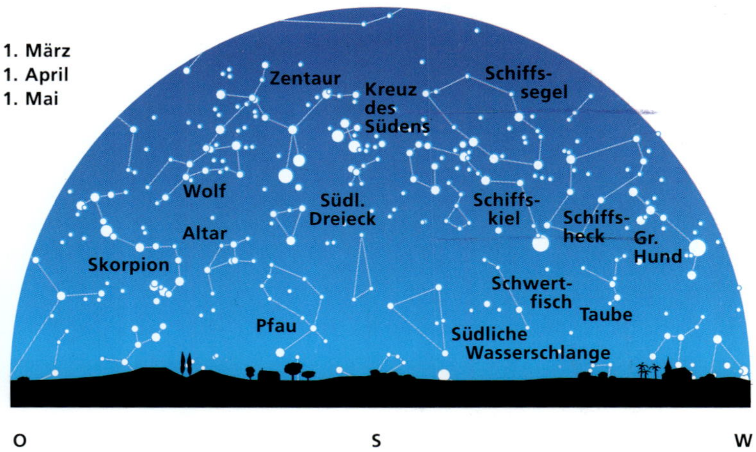


## Wintersternhimmel

1.00 Uhr, 1. Juni
23.00 Uhr, 1. Juli
21.00 Uhr, 1. August

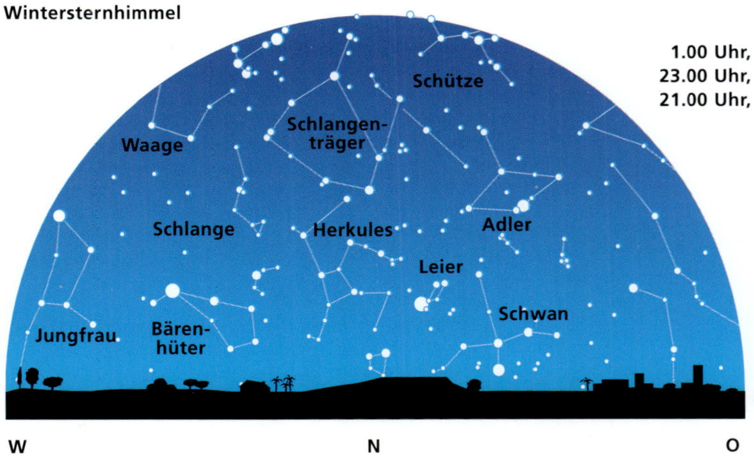


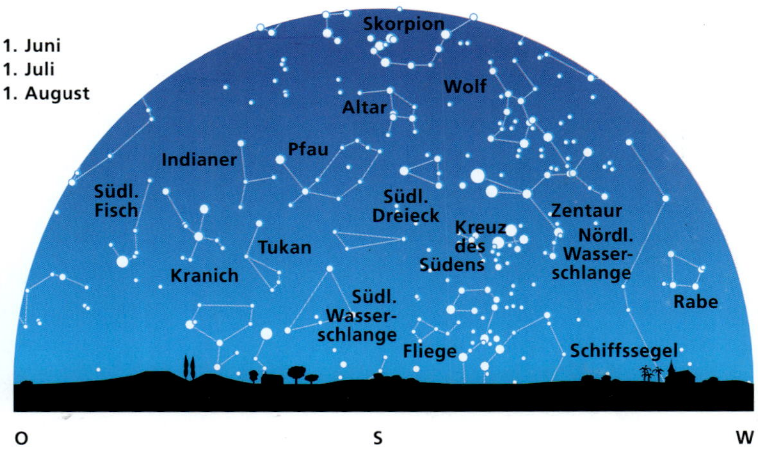


## Frühlingssternhimmel

1.00 Uhr, 1. September
23.00 Uhr, 1. Oktober
21.00 Uhr, 1. November

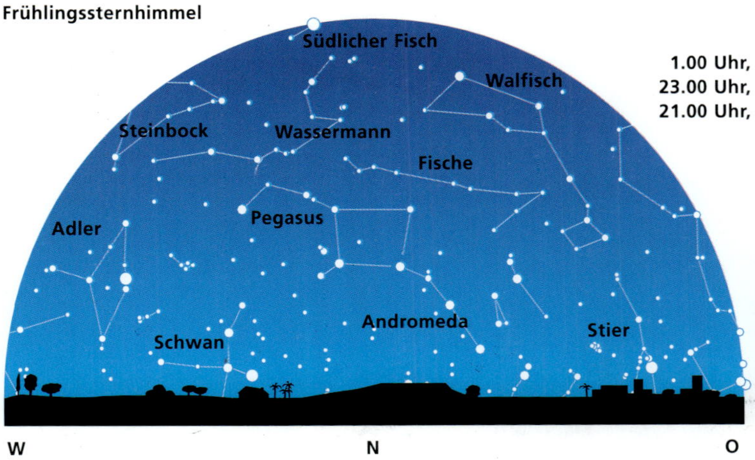


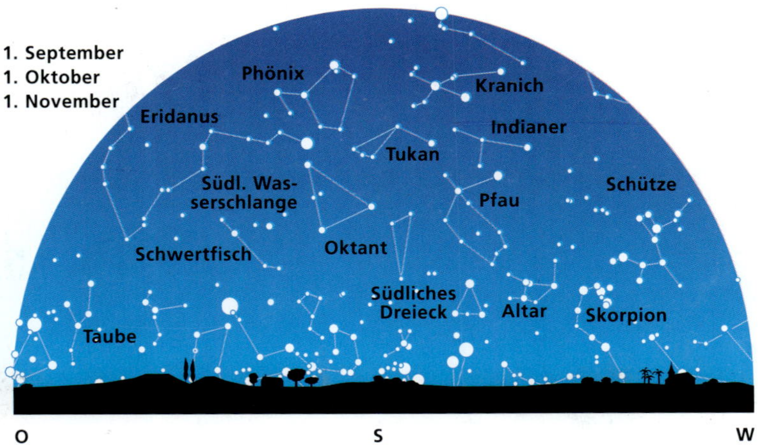

# Mondnächte

Der Mond braucht vier Wochen für einen Umlauf um die Erde. Dabei ändert sich die Gestalt des erleuchteten Teils des Mondes allmählich von einer schmalen zunehmenden Sichel über Halbmond bis zum Vollmond und wieder zurück. Dies sind die bekannten Mondphasen.Wenn man jede Nacht schaut, wo der Mond steht, sieht man, wie er durch verschiedene Sternbilder wandert. Er braucht für einen Lauf durch den ganzen Himmel 27 Tage, 7 Stunden und 43 Minuten.

Manchmal kann man eine Verfinsterung von Mond oder Sonne sehen. Obwohl der Mond bei jedem Umlauf die Ebene zwischen Erde und Sonne kreuzt, steht er trotzdem dann nicht genau auf einer Linie mit ihnen. Wenn aber der Neumond genau zwischen Sonne und Erde steht, bedeckt der Mond ganz oder teilweise die helle Sonnenoberfläche und wir sehen eine Sonnenfinsternis. Zu einer Mondfinsternis kommt es dann, wenn die Erde genau zwischen Sonne und Vollmond steht und ihren Schatten auf den Mond wirft.

**WARNUNG:**
**Schaue niemals direkt in die Sonne ohne einen Schutzfilter, auch nicht während einer partiellen Sonnenfinsternis.**

## Die Mondphasen

Der Mond scheint, weil er das Sonnenlicht reflektiert. Nur die der Sonne zugewandte Hälfte ist erleuchtet und deren sichtbarer Anteil ändert sich während eines Mondumlaufs um die Erde. Bei Neumond ist die beleuchtete Mondhälfte unsichtbar, bei Vollmond siehst du sie ganz. Normalerweise ist der Teil des Mondes, der nicht direkt von der Sonne beschienen wird, unsichtbar, aber manchmal leuchtet dieser Teil schwach, wenn der Mond eine schmale Sichel ist. Das schwache Licht wird vom »Erdschein« verursacht, dahinter verbirgt sich von der Erde auf den Mond reflektiertes Sonnenlicht. Wenn du dich zu diesem Zeitpunkt auf dem Mond befändest, würdest du eine leuchtende Vollerde am Himmel scheinen sehen.

Zwischen zwei Neumondphasen liegen 29 Tage, 12 Stunden und 44 Minuten, das ist mehr als die Zeit, die der Mond für einen Lauf durch den gesamten Himmel benötigt. Denn wenn der Mond einmal durch den Sternhimmel gewandert ist, dann ist durch den Erdumlauf um die Sonne diese schon wieder ein Stück am Sternhimmel weitergewandert und der Mond braucht rund zwei weitere Tage, um sie einzuholen.

## Sonnen- und Mondfinsternisse

Es ist ein faszinierendes Naturschauspiel, wenn es zu einer totalen Sonnenfinsternis kommt. Die Sonne ist zwar

△ **Eine totale Mondfinsternis**
Selbst wenn der Mond sich während einer totalen Verfinsterung im dunkelsten Teil des Erdschattens befindet, verschwindet er nicht am Himmel: er wird dunkelorange oder kupferfarben. Der Mond reflektiert schwach leuchtendes Sonnenlicht, das von der Erdatmosphäre in seine Richtung gestreut wurde.

▷ **Wie Finsternisse zustande kommen**
Wenn der Mond direkt zwischen Erde und Sonne steht, fällt sein Schatten auf die Erde und verursacht eine Sonnenfinsternis. Für Orte im Kernschatten gibt es eine totale Finsternis. Orte im Halbschatten können eine partielle Finsternis erleben. Wenn der Mond, von der Erde aus gesehen, der Sonne genau gegenübersteht, kommt es zu einer Mondfinsternis.

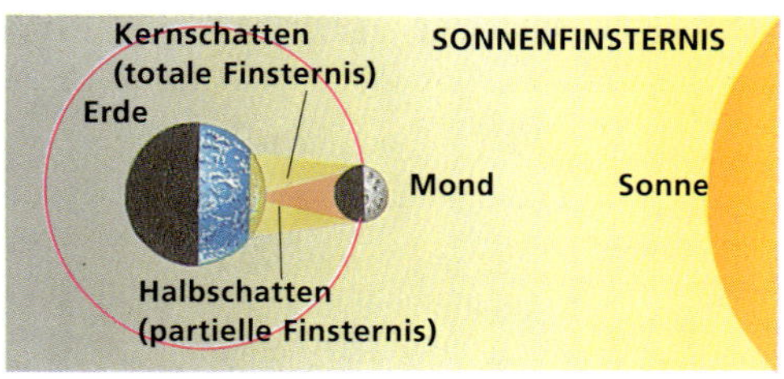


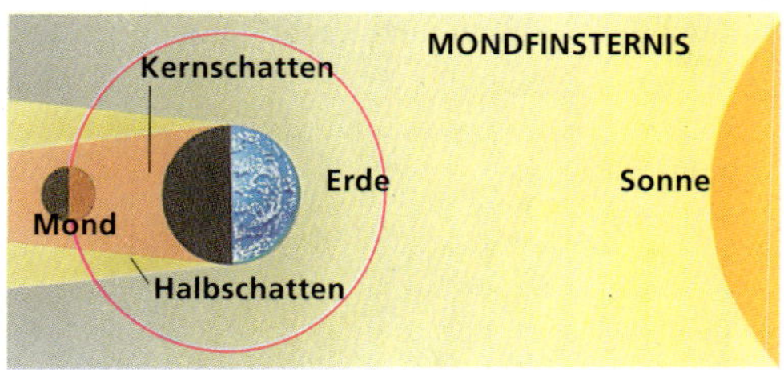

◁ **Totale Sonnenfinsternis**
Von links nach rechts zeigen die Fotos die Phasen einer totalen Sonnenfinsternis. Der Mond bedeckt zunehmend die Sonnenscheibe und steht dann direkt vor ihr. Die Finsternis ist total und der Himmel so dunkel, dass die schwache Korona der Sonne *(siehe S. 9)* sichtbar wird. Am Ende der Verfinsterung bricht ein Sonnenstrahl durch ein Tal am Mondrand. Für einen kurzen Moment sieht das Phänomen aus wie ein funkelnder Diamantring.

## Mondphasen

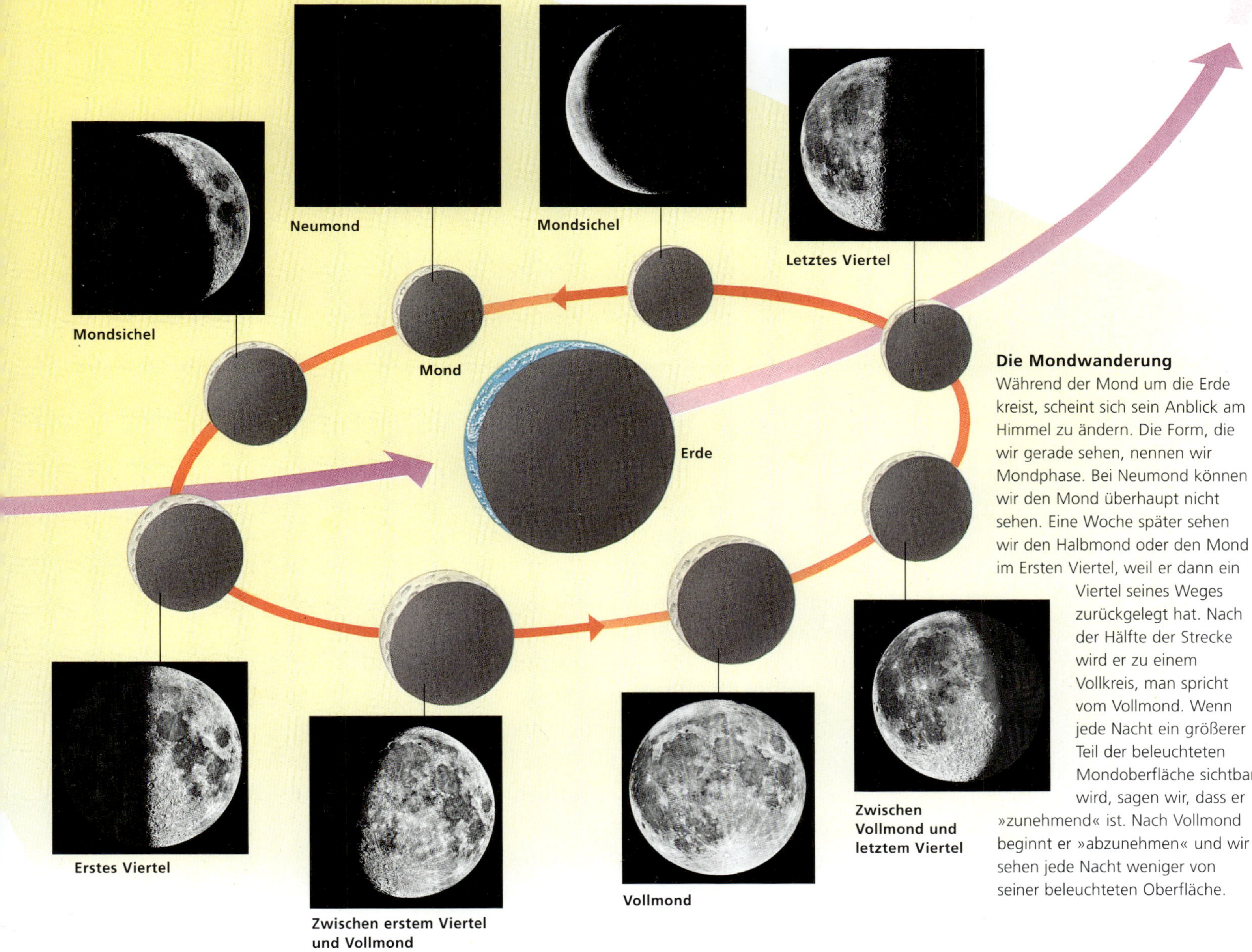


**Die Mondwanderung**
Während der Mond um die Erde kreist, scheint sich sein Anblick am Himmel zu ändern. Die Form, die wir gerade sehen, nennen wir Mondphase. Bei Neumond können wir den Mond überhaupt nicht sehen. Eine Woche später sehen wir den Halbmond oder den Mond im Ersten Viertel, weil er dann ein Viertel seines Weges zurückgelegt hat. Nach der Hälfte der Strecke wird er zu einem Vollkreis, man spricht vom Vollmond. Wenn jede Nacht ein größerer Teil der beleuchteten Mondoberfläche sichtbar wird, sagen wir, dass er »zunehmend« ist. Nach Vollmond beginnt er »abzunehmen« und wir sehen jede Nacht weniger von seiner beleuchteten Oberfläche.

400-mal größer als der Mond, aber sie ist auch 400-mal weiter von uns entfernt, daher sehen Sonne und Mond von der Erde aus gesehen etwa gleich groß aus. Bei einer Sonnenfinsternis kommt es zu einer »Totalität«, wenn der Mond die Sonne vollständig bedeckt. Dabei wird der Himmel sehr dunkel und das schwache Licht der Sonnenkorona erscheint als ein weißer Strahlenkranz um die dunkle Mondscheibe. Auch vom Sonnenrand hervorspringende Gaszungen, die Protuberanzen, können dabei sichtbar werden. Die Totalität kann 7,5 Minuten dauern, doch meistens ist sie kürzer.

Es gibt rund zwei Sonnenfinsternisse pro Jahr. Die meisten sind partiell, d. h., der Mond zieht vor die Sonne, aber für keinen Beobachter auf der Erde bedeckt er sie vollständig. Wenn es eine totale Sonnenfinsternis gibt, sieht man sie nur von einem schmalen Streifen auf der Erdoberfläche aus total. Die Beobachter außerhalb dieses Streifens sehen zu dieser Zeit eine partielle Sonnenfinsternis.

Weil die Entfernungen zwischen Erde, Sonne und Mond ein wenig schwanken, erscheint der Mond manchmal ein wenig kleiner am Himmel als die Sonne. Wenn dies eintritt, während der Mond vor der Sonne vorbeizieht, bleibt ein Ring von der Sonnenscheibe sichtbar und es gibt eine ringförmige Finsternis.

Pro Jahr kann es bis zu sieben Finsternisse geben. Zwei oder drei davon sind Mondfinsternisse.

## Tag und Nacht

Sonne

**Rotierende Erde**
Es gibt Tag und Nacht, weil sich die Erde während ihres Sonnenumlaufs um die eigene Achse dreht. Im Bild unten blicken wir auf den Nordpol. Die Erde bewegt sich von links nach rechts und rotiert im Gegenuhrzeigersinn. Der Punkt zeigt, wo sich ein Ort am Äquator von Mittag über Sonnenuntergang, Mitternacht bis zum Sonnenaufgang befindet.

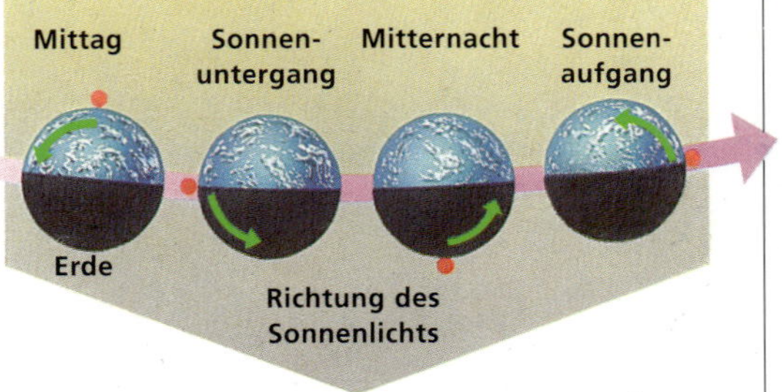

# Weltraumforschung

*Die Entwicklung von Raketen machte es möglich, den Mond zu besuchen und Raumsonden zu anderen Körpern unseres Sonnensystems zu senden. Menschen können im Weltraum leben und arbeiten, indem sie mit Raumfähren zu Satelliten und Raumstationen gelangen, die um die Erde kreisen.*

Auf dem Foto *(links)* sieht man die Saturn-V-Rakete beim Start des *Apollo-11*-Raumschiffs am 16. Juli 1969.

## Der Weg ins All

Vor 300 Jahren schrieb der Naturwissenschaftler Isaac Newton, dass eine Kanone auf dem Gipfel eines sehr hohen Berges in der Lage sein müsste, ein Objekt mit so hoher Geschwindigkeit abzufeuern, dass es in einer Kreisbahn dauernd um die Erde fliegen würde, ohne jemals zurück auf den Erdboden zu fallen. Seine Idee wurde 1957 Realität, als der erste künstliche Satellit gestartet wurde *(siehe unten)*.

Um in den Weltraum zu kommen und oben zu bleiben, muss ein Satellit eine Geschwindigkeit von etwa 27.350 km pro Stunde erreichen. Dann wird der Antrieb des Satelliten abgeschaltet und er fliegt in einer Umlaufbahn um die Erde. Deren Anziehungskraft wird aufgehoben durch die von der Erde weggerichtete Fliehkraft, die durch die Geschwindigkeit des Satelliten entsteht.

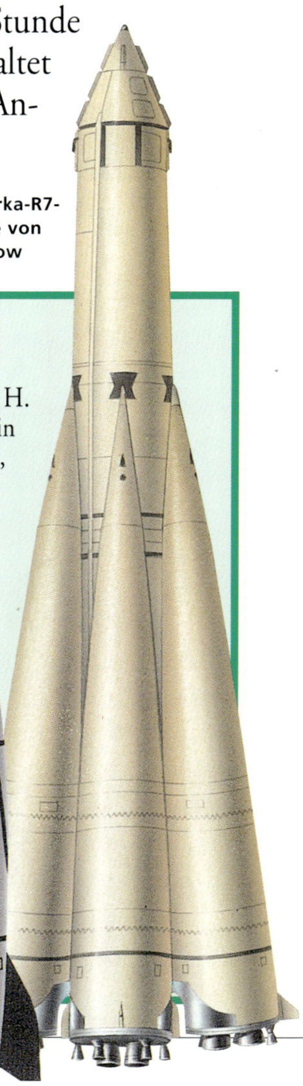

**Zemiorka-R7-Rakete von Koroljow**

### Raketenbauer

**Sergej Koroljow**

**Wernher von Braun**

Anfang des 20. Jahrhunderts entwickelten Robert H. Goddard (1882-1945) in den USA und Konstantin Ziolkowskij (1857-1935) in Russland die Theorie, wie Raketen in den Weltraum gelangen könnten. Der Russe Sergej Koroljow (1906-1966) begann 1954 mit dem Bau von starken Raketen für die Weltraumforschung. Zu seinen Verdiensten zählten der erste künstliche Satellit *Sputnik-1* und die erste Landung auf der Venus 1966. Mit der *V2*, die Wernher von Braun (1912-1977) für die Deutsche Wehrmacht baute, wurden die Langstreckenraketen 1942 perfektioniert. Ende des 2. Weltkriegs schloss sich von Braun den Amerikanern an und wechselte 1955 in die Weltraumforschung. Er war verantwortlich für die ersten amerikanischen Satelliten, die Entwicklung der mächtigen *Saturn-V*-Rakete und für die Leitung der *Apollo*-Mondmissionen.

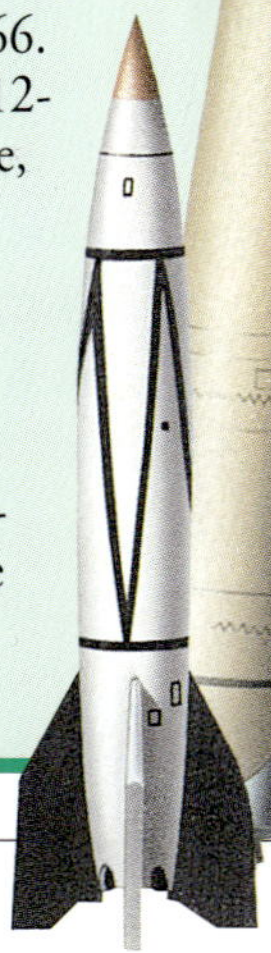

**Von Brauns V2-Rakete**

## Satelliten im Orbit

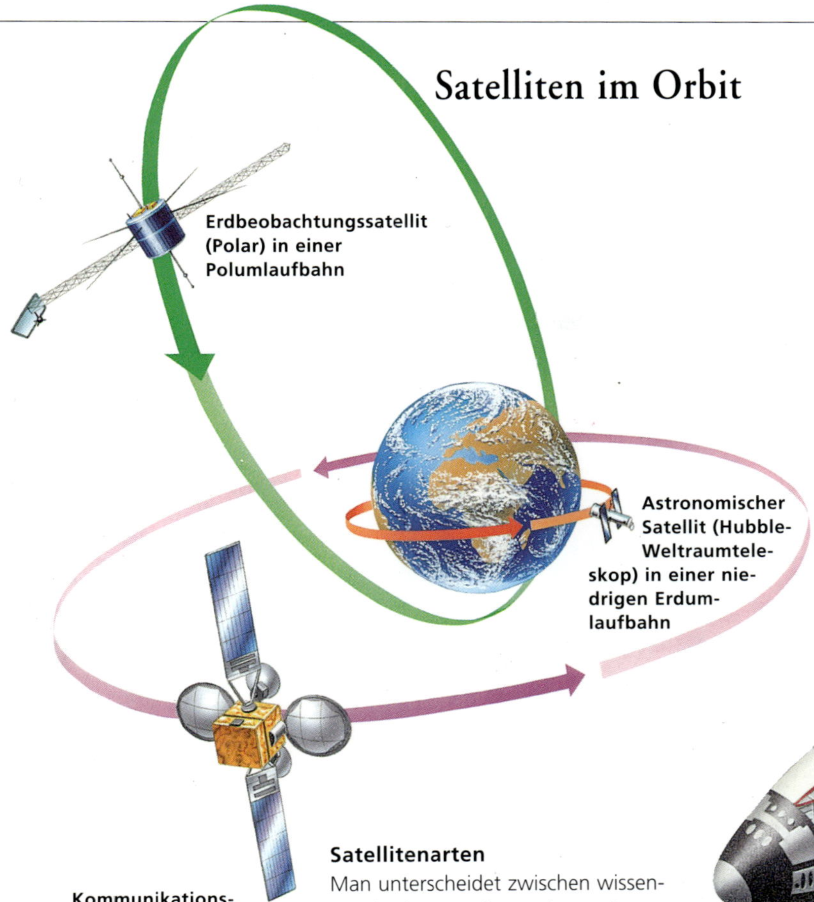


**Satellitenarten**
Man unterscheidet zwischen wissenschaftlichen Satelliten, dazu gehören Teleskope im Orbit, Erderkundungs- und Wettersatelliten sowie Raumstationen; kommerziellen Satelliten für Telefon- und Fernsehübertragungen und geheimen militärischen Satelliten zu Spionagezwecken.

# Der Spaceshuttle

Anders als die meisten Raketen, die nur einmal ins All geschickt werden können, ist der Spaceshuttle ein wiederverwendbares Raumfahrzeug. Beim Start bringen seine drei Raketentriebwerke und zwei Feststoffraketen den Shuttle in weniger als fünf Minuten in den Weltraum. Er hebt senkrecht ab wie eine Rakete und landet wie ein normales Flugzeug wieder auf der Erde. Der Shuttle wird für Forschungs- und für Reparaturzwecke eingesetzt und bringt die Mannschaft und Versorgungsgüter zur *Internationalen Raumstation.*

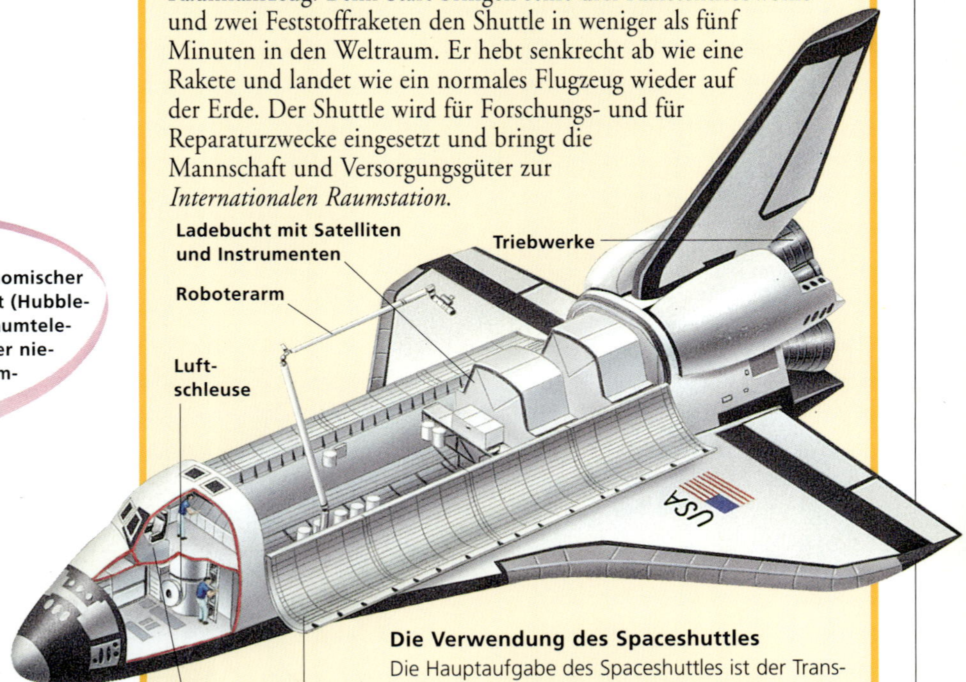


**Die Verwendung des Spaceshuttles**
Die Hauptaufgabe des Spaceshuttles ist der Transport von großen Teilen in die Erdumlaufbahn. Er kann 30 Tonnen Nutzlast und bis zu acht Astronauten befördern. Die Ladebucht ist groß genug, um darin Satelliten und sogar ein Forschungslabor mit dem Namen Spacelab zu transportieren.

**Satellitenstarts**

Die meisten Satelliten werden mit einer Rakete gestartet. Diese bringt den Satelliten auf die richtige Höhe über der Erde und schickt ihn dann in eine Umlaufbahn. Danach fällt die Rakete auf die Erde zurück und landet normalerweise im Ozean. Die schnellsten Flugzeuge können nur ein Zehntel der Geschwindigkeit erreichen, die für einen Flug ins All nötig ist. Eine Weltraumrakete erreicht eine viel höhere Geschwindigkeit, indem sie für nur wenige Minuten riesige Mengen Materie mit sehr hoher Geschwindigkeit ausstößt. Der Ausstoß hebt die Rakete so schnell nach oben, dass die Schwerkraft der Erde überwunden werden kann. Raketentriebwerke sind die einzigen Triebwerke, die ohne Luft funktionieren.

Ein Kommunikationssatellit wird meist in eine hohe Umlaufbahn über dem Äquator gebracht, wo er für einen Umlauf genau so lange braucht wie die Erde für eine Umdrehung. Daher bleibt er immer in der gleichen Position über der Erde. Dies nennt man einen geostationären Orbit. Satelliten in einer Polumlaufbahn umkreisen die Erde von Pol zu Pol. Sie dienen der Wetterforschung und Erderkundung.

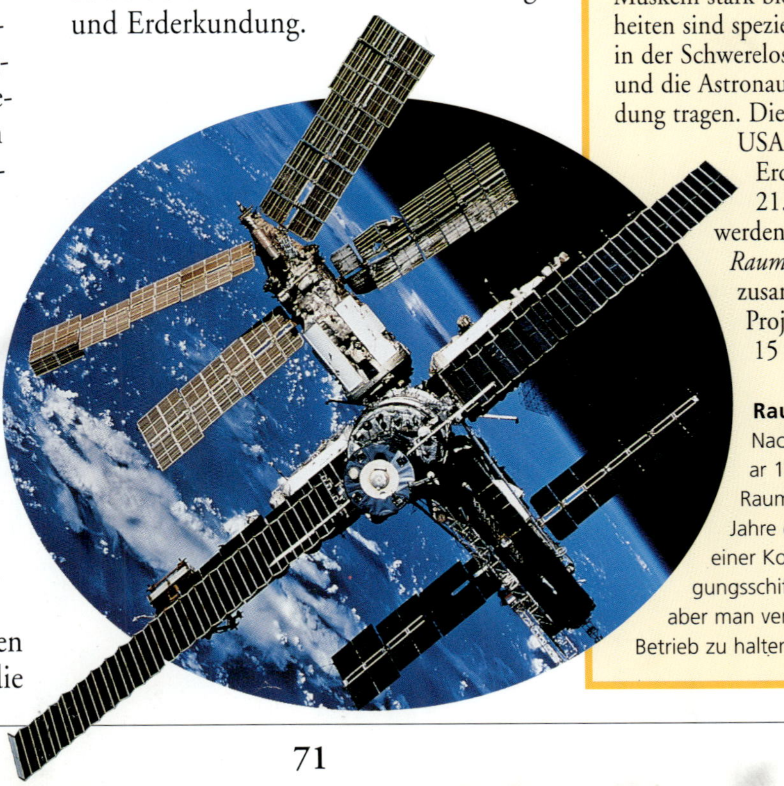

# Raumstationen

In einer Raumstation leben und arbeiten Astronauten viele Monate im Weltraum. Sie sind schwerelos und müssen Sportgeräte benutzen, damit ihre Knochen und Muskeln stark bleiben. Die Waschgelegenheiten sind speziell konstruiert, damit sie in der Schwerelosigkeit funktionieren, und die Astronauten können Alltagskleidung tragen. Die erste Raumstation der USA *Skylab* kam 1973 in die Erdumlaufbahn. Bis ins 21. Jahrhundert hinein werden Teile der *Internationalen Raumstation* im Weltraum zusammengesetzt. Sie ist ein Projekt der USA und 15 weiterer Länder.

**Raumstation *Mir***
Nach dem Start am 20. Februar 1986 wurde die russische Raumstation *Mir* im Laufe der Jahre erweitert. Sie wurde bei einer Kollision mit einem Versorgungsschiff 1997 schwer beschädigt, aber man versucht sie bis 1999 in Betrieb zu halten.

# Weltraummissionen

Raumsonden besuchen die Sonne, den Mond, Planeten, Kometen und Asteroiden. Mit Kameras und anderen Instrumenten an Bord werden Informationen gesammelt, die mittels Radiowellen zur Erde zurückgefunkt werden. Es gibt Sonden, die in einem Vorbeiflugmanöver nahe an einem Himmelskörper vorbeigleiten. Ein so genannter Orbiter schwenkt in eine Umlaufbahn um einen Planeten oder den Mond ein und kann viele Jahre in Funktion bleiben. Landefähren landen auf der Oberfläche von Gesteinsplaneten oder Monden. Eine Atmosphärensonde macht Messungen, während sie absinkt.

### Missionen zu Kometen und Asteroiden

Die Raumsonde *Giotto* schickte man 1986 zum Kometen Halley und sie übertrug Bilder, bis sie sich auf ca. 600 km an den Kometenkern annäherte *(siehe S. 55).* Das *Near-Earth-Asteroid Rendezvous (NEAR)* ist die erste Raumsonde, die einen Asteroiden umkreisen wird, sie wird ab Februar 2000 ein Jahr lang den Asteroiden Eros erforschen *(siehe auch S. 42-43).*

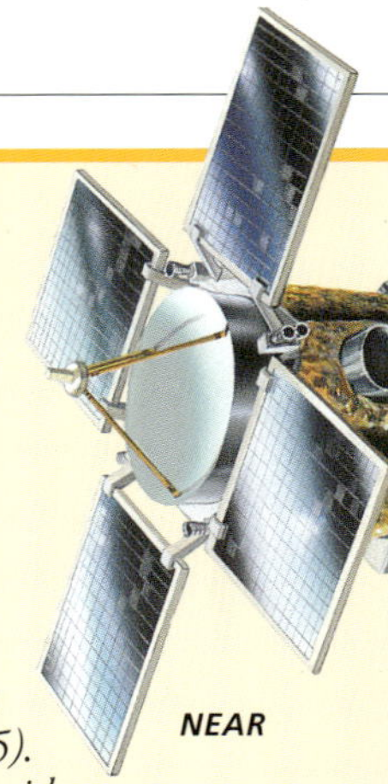

NEAR

## Erkundung des Sonnensystems

### Merkur: *Mariner-10*

*Mariner-10* war die einzige Raumsonde, die zum Merkur flog. Auf dem Weg zum Merkur machte die Sonde Aufnahmen der Venuswolken. Anschließend schwenkte sie in eine Umlaufbahn um die Sonne ein, die 1974 und 1975 drei Vorbeiflugmanöver an Merkur ermöglichte. *Mariner-10* übertrug Fotos, die etwa ein Drittel der Merkuroberfläche zeigten *(siehe S. 33).* Sie entdeckte auch das Magnetfeld des Planeten und bestimmte seine Temperatur.

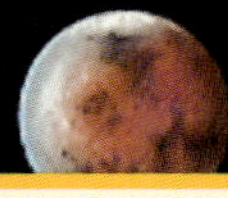

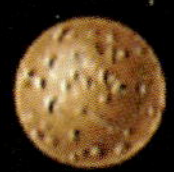

### Mars: *Viking-1* und *Viking-2*

Eine der Aufgaben der 1975 gestarteten *Viking*-Missionen war die Suche nach Leben auf dem Mars. Beide Sonden bestanden aus einem Orbiter und einer Landefähre. Die Kameras des Orbiters kartographierten den Planeten sehr detailliert. Die Landefähren untersuchten den Boden, fanden aber keine Hinweise auf Leben.

### Sonne: *Ulysses*

Diese Raumsonde, die am 6. Oktober 1990 ins All geschossen wurde, war die erste, die die Regionen über den Polen der Sonne erforschte. Da man sie nicht direkt in die richtige Umlaufbahn bringen konnte, schickte man *Ulysses* auf eine Jupiterbahn. Dessen starke Gravitation schleuderte sie in eine Bahn, die sie 1994 über den Süd- und 1995 über den Nordpol der Sonne führte. *Ulysses* untersucht den Sonnenwind *(siehe S. 19).*

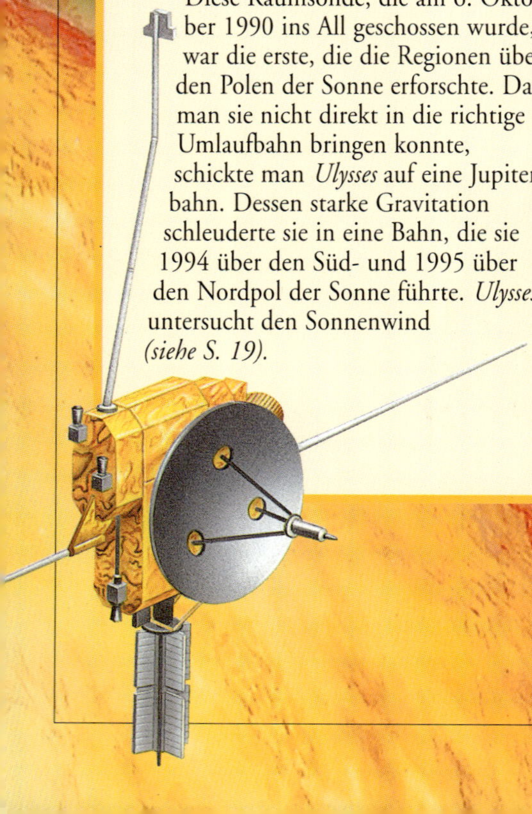

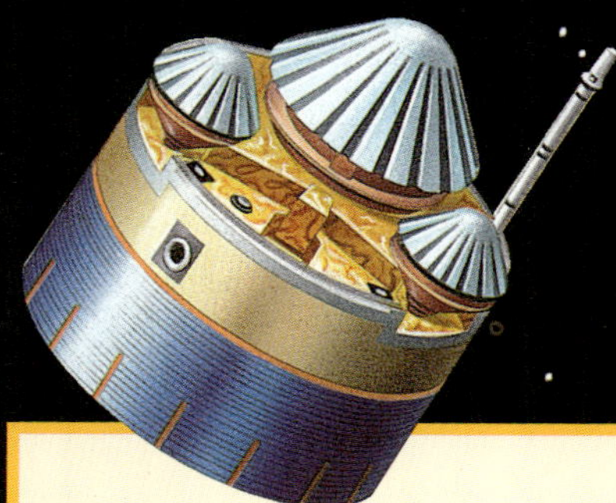

### Venus: *Pioneer-Venus*

Mit der *Pioneer-Venus*-Mission erkundete man die dichte Venusatmosphäre. Die Raumsonde erreichte die Venus am 4. Dezember 1978. Ihr Orbiter blieb über den Wolken, kartographierte die Venusoberfläche mittels Radar und untersuchte die Zusammensetzung der Atmosphäre. Der Orbiter war fast 14 Jahre in Betrieb, ehe er in die Venus stürzte. Neben dem Orbiter gab es vier Sonden, die Temperaturmessungen vornahmen.

### Mond: *Lunar-Prospector*

*Lunar-Prospector* wurde am 5. Januar 1998 auf eine einjährige Mission geschickt, um Informationen über die Zusammensetzung der Mondoberfläche und des Mondinneren zu sammeln. Die Raumsonde umkreiste den Mond in einer Höhe von 100 km. Nach einigen Wochen fand man mit einem der fünf Instrumente konkrete Hinweise auf gefrorene Wasserkristalle in Felsen nahe des Nord- und Südpols des Mondes.

## Saturn: *Cassini*

Am 15. Oktober 1997 startete *Cassini* zum Saturn und wird im Juli 2004 dort ankommen. Dann wird *Cassini* den Planeten während ihrer vierjährigen Mission 60-mal umkreisen. Sie wird eine Sonde aussetzen, die durch die dichte und wolkenreiche Atmosphäre des Saturnmondes Titan hinuntergleitet *(siehe auch S. 49)*. *Cassinis* Orbiter wird 30 Vorbeiflüge an Titan und anderen Saturnmonden machen.

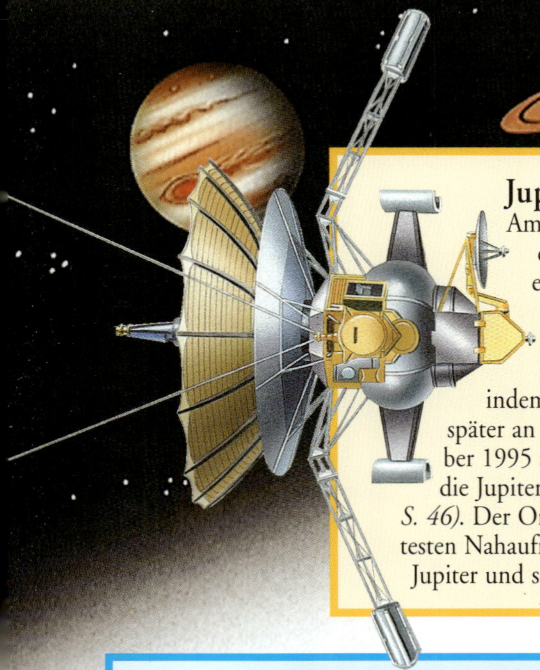

## Jupiter: *Galileo*

Am 18. Oktober 1989 startete die Raumsonde *Galileo* zu einer sechsjährigen Reise zum Jupiter. Auf dem Weg dorthin näherte sie sich erstmals einem Asteroiden, indem sie nahe an Gaspra und später an Ida vorbeiflog. Im Dezember 1995 setzte *Galileo* eine Sonde in die Jupiteratmosphäre ab *(siehe auch S. 46)*. Der Orbiter lieferte die detailliertesten Nahaufnahmen, die man je von Jupiter und seinen Monden erhalten hat.

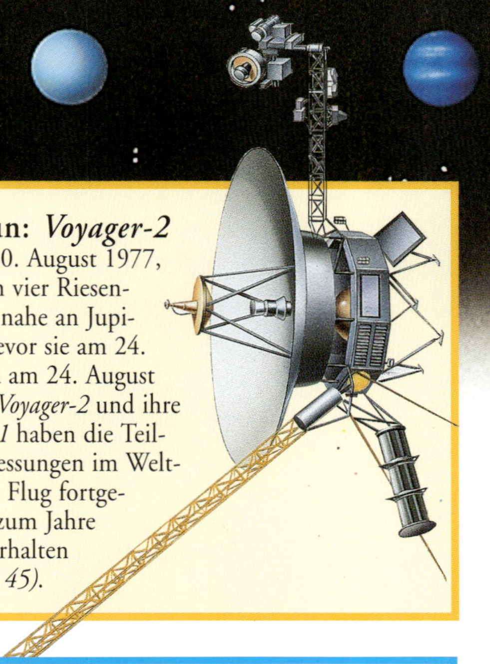

## Uranus und Neptun: *Voyager-2*

*Voyager-2*, gestartet am 20. August 1977, machte eine Reise zu den vier Riesenplaneten. Zuerst flog sie nahe an Jupiter und Saturn vorbei, bevor sie am 24. Januar 1986 Uranus und am 24. August 1989 Neptun erreichte. *Voyager-2* und ihre Schwestersonde *Voyager-1* haben die Teilchen- und Magnetfeldmessungen im Weltraum auf ihrem weiteren Flug fortgesetzt. Man erwartet, bis zum Jahre 2020 Daten von ihnen erhalten zu können *(siehe auch S. 45)*.

# Weitere Meilensteine der Weltraumforschung*

***Sputnik-1*, 4. Oktober 1957**
Erster künstlicher Satellit. Von Russland gestartet.

***Sputnik-2*, 3. November 1957**
Ein Satellit bringt erstmals ein Tier in den Orbit – die Hündin Laika, Russland.

***Explorer-1*, 1. Februar 1958**
Erster erfolgreicher Start in USA.

***Luna-1*, 2. Januar 1959**
Erster Vorbeiflug am Mond. Russland. Entdeckung des Sonnenwinds.

***Luna-2*, 12. September 1959**
Erste Raumsonde, die auf dem Mond auftrifft. Russland.

***Luna-3*, 4. Oktober 1959**
Erste Bilder von der Rückseite des Mondes werden übertragen. Russland.

***Venera-1*, 12. Februar 1961**
Erster Vorbeiflug an Venus. Russland.

***Wostok-1*, 12. April 1961**
Erster Mensch im Weltraum – der Russe Juri Gagarin.

***Ranger-7*, 28. Juli 1964**
US-Landefähre schlägt hart auf dem Mond auf. Sie überträgt die ersten Nahaufnahmen der Mondoberfläche während ihrer Annäherung.

***Mariner-4*, 28. November 1964**
Erster Vorbeiflug an Mars. Übertragung von 22 Fotos, welche die kraterübersäte Oberfläche zeigen. USA.

***Venera-3*, 16. November 1965**
Erster von der Erde aus gestarteter Körper, der auf einem anderen Planeten auftrifft. Harte Landung auf Venus. Russland.

***Luna-9*, 31. Januar 1966**
Erste weiche Landung auf dem Mond. Übertragung der ersten Fotos von der Mondoberfläche aus. Russland.

***Surveyor-1*, 30. April 1966**
Erste weiche Landung einer Sonde der USA auf dem Mond.

***Venera-4*, 12. Juni 1967**
Erste Sonde, die Daten von der Atmosphäre und der Oberflächentemperatur auf der Venus übermittelt. Russland.

***Apollo-8*, 21. Dezember 1968**
Die ersten Menschen fliegen zum Mond und zurück, ohne auf dem Mond zu landen. USA.

***Apollo-11*, 16. Juli 1969**
Erste bemannte Mondlandung, es folgen noch fünf weitere. USA.

***Venera-7*, 17. August 1970**
Erste erfolgreiche Landung auf einem anderen Planeten (Venus). Russland.

***Luna-16*, 12. September 1970**
Erste unbemannte Mission, die Proben des Mondstaubes zur Erde zurückbringt. Russland.

***Luna-17*, 10. November 1970**
Erste Mondlandung mit einem Forschungsroboter – Lunochod-1. Russland.

***Saljut-1*, 19. April 1971**
Erste Raumstation. Russland.

***Mariner-9*, 30. Mai 1971**
Erste Raumsonde in der Umlaufbahn um einen anderen Planeten – sie überträgt Detailaufnahmen der Marsoberfläche. USA.

***Pioneer-10*, 3. März 1972**
Erste Raumsonde, die zum Jupiter fliegt und 500 Bilder überträgt. USA.

***Skylab*, 26. Mai 1973**
Erste amerikanische Raumstation. 171 Tage lang sind Menschen an Bord.

***Apollo-18* und *Sojus-19*, 15. Juli 1975**
Erstes Andockmanöver eines amerikanischen und eines russischen Raumschiffs im Orbit.

***Viking-1*, 20. August 1975**
Erste erfolgreiche Landung eienr Sonde auf dem Mars. Sechs Jahre lang überträgt sie Bilder. USA.

**Raumfähre *Columbia*, 12. April 1981**
Erster erfolgreicher Einsatz eines wieder verwendbaren Raumfahrzeugs. USA.

**Raumstation *Mir*, 20. Februar 1986**
Start der russischen Raumstation – sie bleibt bis 1999 ständig besetzt.

***Magellan*, 4. Mai 1989**
Sie erstellt mittels Radar die erste Detailkarte einer anderen Planetenoberfläche (Venus). Es werden Einzelheiten auf einer Fläche von 300 m erkennbar. USA.

***Hubble*-Weltraumteleskop, 25. April 1990**
Es schickt regelmäßig detailreiche Bilder aller Arten von Himmelsobjekten. USA/Europa.

***Mars-Pathfinder*, 4. Dezember 1996**
Erste Erkundung einer anderen Planetenoberfläche mit einem »Auto«. USA.

* *Angegeben ist jeweils das Datum des Starts.*

# Teleskope und Observatorien

Ohne Teleskope wüssten wir fast nichts über das Universum. Das Licht von fernen Objekten im All ist so schwach, dass wir es sammeln müssen, um ein Bild daraus zu gewinnen. Ein optisches Fernrohr sammelt Licht von einem Objekt und bündelt es, wodurch ein Bild entsteht, das vom Auge gesehen, fotografiert oder in einen Computer eingelesen werden kann. Viele kosmische Objekte senden weit mehr Strahlung aus als nur sichtbares Licht, und wir verwenden spezielle Teleskope und Empfänger, um unsichtbare Strahlung wie Radiowellen, Röntgenstrahlen, Infrarotstrahlung und ultraviolettes Licht zu empfangen.

*Compton Gamma-Ray Observatory*

**Im Orbit**
Das 1991 vom Spaceshuttle in den Orbit gebrachte *Compton Gamma-Ray Observatory (CGRO)* empfängt Gammastrahlen, die noch energiereicher als Röntgenstrahlen sind. Der *International Ultraviolet Explorer (IUE)* war länger in Betrieb als alle anderen Teleskope, die je in den Weltraum gebracht wurden. Er lieferte 18 Jahre lang Bilder.

### Eine Nacht in einer Sternwarte

Ein großes Teleskop für Profiastronomen kann 100 Millionen Mark oder mehr kosten, wenn man seine Messinstrumente und die schützende Kuppel dazurechnet. Moderne Teleskope stehen auf hohen Bergen, um abseits der hell erleuchteten Großstädte und so weit wie möglich über dem irdischen Wettergeschehen zu sein und dadurch optimale Sichtbedingungen zu haben. Normalerweise gehören zu einem Observatorium mehrere Teleskope, die sich manchmal mehrere Länder und Universitäten teilen. Je größer die Hauptlinse oder der -spiegel in einem Teleskop ist, umso schwächere Himmelobjekte und umso kleinere Details kann man damit erkennen.

Im Observatorium wird das Signal von einem fernen Objekt fast immer auf elektronischem Weg empfangen. Das heißt, dass die erhaltene Information direkt in ein Computersystem eingelesen wird, um später ausgewertet zu werden. Elektronische Detektoren sind zum Sammeln von sehr schwachem Licht

△ **Fliegende Observatorien**
Ein hoch fliegendes Flugzeug kann ein Teleskop in den oberen Teil der Atmosphäre bringen. Das erste fliegende Observatorium der NASA flog zwischen 1974 und 1996. Ein neues namens *SOFIA* wird ab dem Jahr 2001 in einem Jumbojet in 12 km Höhe fliegen.

**Canada-France-Hawaii-Teleskop**

**Klarer Himmel am Mauna-Kea-Observatorium**
Der Mauna Kea auf Hawaii ist 4200 m hoch. Seit 1970 zählt er zu den besten Plätzen auf der Welt für optische und Infrarotastronomie, weil die Luft dort sehr trocken und klar ist. Auf dem Gipfel stehen acht große infrarote und optische Teleskope und zwei Submillimeter-Teleskope. In der Nähe steht auch ein Radioteleskop.

**Optisches Teleskop**
Das Canada-France-Hawaii-Teleskop ist eines der ältesten auf dem Mauna Kea. Es wurde 1980 in Betrieb genommen, sein Spiegeldurchmesser beträgt 3,6 m und es wird von Astronomen aus Kanada, Frankreich und Hawaii benutzt.

**Submillimeter-Teleskop**
Das James-Clerk-Maxwell-Teleskop ist ein Spiegelteleskop mit 15 m Durchmesser. Es ist das weltgrößte Teleskop zur Beobachtung von Submillimeter-Radiowellen (einer Art von Mikrowellen). Mikrowellen sind besonders wichtig für die Untersuchung von kühlen Sternen und Gaswolken.

**Keck II**

**Keck I**

besser geeignet als Kameras oder das bloße Auge.

Jedes Teleskop braucht etwas, womit es die Signale empfangen kann. Radioteleskope besitzen normalerweise große Antennen. Die Parabolschüssel konzentriert die Signale und leitet sie in einen speziellen Radioempfänger weiter. Mithilfe eines Computers können die Signale in ein Bild umgewandelt werden, das beispielsweise zeigt, wie eine Galaxie aussehen würde, wenn wir ihre Radiostrahlung sehen könnten.

Bei guten Bedingungen werden in einer Nacht mehrere Dutzend Sterne und Galaxien beobachtet. Die Ergebnisse einer Beobachtungsnacht versorgen den Astronomen mit Arbeit für mehrere Monate, da er oft die Daten mit den bisher gewonnenen Informationen vergleichen will.

# Observatorien im Weltraum

Unsere Atmosphäre absorbiert einen Großteil der Infrarot-, Ultraviolett- und Röntgenstrahlung. Die Astronomen, die mit sichtbarem Licht arbeiten, erhalten unscharfe Bilder, da die Atmosphäre die Sterne zum Flackern bringt. Deshalb werden Teleskope auf einem Satelliten in der Umlaufbahn oder in einem Weltraumobservatorium über die Atmosphäre gebracht. Weltraumobservatorien sind teuer, vor allem wegen der hohen Startkosten. Außerdem muss für Kontrollzwecke ein Netz aus Kommunikationsantennen an verschiedenen Orten weltweit bestehen, da sie die Erde in 90 Minuten einmal umkreisen.

**Einige wichtige Weltraumobservatorien**

*Einstein Observatory* (Röntgenstrahlung) 1978-1981
*IUE* (International Ultraviolet Explorer) 1978-1996
*IRAS* (Infrared Astronomical Satellite) 1983
*COBE* (Cosmic Background Explorer) seit 1989
*Hipparcos* (misst Sternpositionen und -eigenbewegungen) 1989-1993
*ROSAT* (Röntgensatellit – Röntgenstrahlung) seit 1990
*CGRO* (Compton Gamma-Ray Observatory) seit 1991
*HST* (Hubble Space Telescope) seit 1992
*ISO* (Infrared Space Observatory) 1995-1998
*SOHO* (Solar and Heliospheric Observatory) seit 1995
*RXTE* (Rossi X-ray Timing Explorer) seit 1995
*Beppo-SAX* (Röntgenstrahlung) seit 1996
*AXAF* (Advanced X-ray Astronomy Facility) seit 1989

**Die wichtigsten Erdobservatorien**

Die wichtigsten astronomischen Observatorien mit optischen und infraroten Teleskopen (rote Punkte) liegen auf hohen Bergen oder erloschenen Vulkanen, wo die Luft am klarsten ist. Zu den wichtigsten Stätten zählen die Kanarischen Inseln, Hawaii, Chile und das südliche Arizona. Der Standort für Radioteleskope (blaue Punkte) ist nicht ganz so wichtig, da Radiowellen auch Wolken durchdringen können. Mehrere Radioteleskope an verschiedenen Orten können zusammengeschaltet werden, um ein Objekt detaillierter sehen zu können.

## Die Orte der wichtigsten Observatorien

**Radioteleskop**
Das Very Long Baseline Array ist ein Netz aus zehn Radioteleskopen, das sich vom Nordosten Kanadas nach Hawaii erstreckt und von Socorro in New Mexiko aus ferngesteuert wird. Jede Station hat eine Parabolantenne mit 25 m Durchmesser. Die zehn Antennen sind das weltweit größte astronomische Instrument. Es kann mit enormer Genauigkeit die Position von Objekten bestimmen, die Radiowellen aussenden.

# Auf dem Erdboden

**Einige wichtige erdgebundene Teleskope:**

**Keck I und Keck II**, Mauna Kea, Hawaii *(siehe S. 5)*

**Bolschoi-Teleskop Azimutalnyi**, Selentschuk, Russland. Spiegeldurchmesser 6 m. Inbetriebnahme: 1975.

**Hale Telescope**, Palomar Mountain, Kalifornien. Spiegeldurchmesser 5 m. Inbetriebnahme 1948, es war 28 Jahre lang das größte optische Teleskop der Welt.

**Yerkes Telescope**, Wisconsin. Größtes Linsenfernrohr (Refraktor), das je gebaut wurde (1897). Objektivdurchmesser 1 m.

**Das Very Large Telescope**, Cerro Paranal, Chile. System aus vier Teleskopen mit je 8,2-m-Spiegeln, die zusammengeschaltet gleichwertig sind wie ein Teleskop mit einem 16,4-m-Reflektor. Fertigstellung: 2001.

**Green Bank Telescope**, Green Bank, W. Virginia. Größte vollsteuerbare Radioantenne; Antennendurchmesser 100 m. Fertigstellung: 1998.

**Arecibo Telescope**, Puerto Rico. Größte astronomische Radioantenne der Welt, erbaut in einer natürlichen Mulde am Erdboden. Antennendurchmesser 305 m. Fertigstellung: 1963.

**Very Large Array**, in der Nähe von Socorro, New Mexiko. Größter Zusammenschluss von Radioteleskopen (27 Parabolantennen) an einer Stelle. Inbetriebnahme: 1981. *(siehe auch S. 14)*

**James Clerk Maxwell Telescope**, Mauna Kea, Hawaii *(siehe S. 74)*.

# Glossar

**Achse** Die scheinbare Linie, um die sich ein rotierendes Objekt (wie ein Planet) dreht.

**Äquator** Eine gedachte Linie, die einen Planeten in der Mitte zwischen Nord- und Südpol umspannt.

**Asteroid** Ein Körper, der um die Sonne kreist. Asteroiden sind den Planeten ähnlich, aber viel kleiner. Sie werden auch Kleinplaneten genannt.

**Astronaut** Ein Teilnehmer an einer Raumfahrt. Ein russischer Astronaut wird Kosmonaut genannt.

**Astronom** Ein Naturwissenschaftler, der das Universum erforscht.

**Astronomie** Die Wissenschaft von den Himmelskörpern.

**Atmosphäre** Eine Gasschicht um einen Planeten oder Stern.

**Druck** Die Stärke der Kraft, mit der etwas drückt. Ein Gas drückt auf etwas in ihm Liegendes und auf seinen Behälter (wenn es in einem ist). Der Druck eines Gases steigt, wenn es auf einen kleineren Raum zusammengedrückt oder wenn es auf höhere Temperaturen erwärmt wird.

**Durchmesser** Die Entfernung zwischen zwei gegenüberliegenden Punkten eines Kreises oder einer Kugel.

**Durchschnitt** Der Mittelwert einer Reihe von den höchsten zu den niedrigsten Werten. Beispielsweise ist die Durchschnittstemperatur der Erde der Mittelwert zwischen ihren kältesten und wärmsten Temperaturen.

**Elemente** Die Grundstoffe, die sich chemisch nicht weiter zerlegen lassen, wie z. B. Wasserstoff, Kohlenstoff und Sauerstoff. Elemente reagieren miteinander und bilden weitere Stoffe. So besteht Kohlendioxid beispielsweise aus Kohlenstoff und Sauerstoff.

**Ellipse** Eine Form, die wie ein zusammengedrückter Kreis aussieht. Ellipsen gibt es in verschiedenen Formen, von extrem langgestreckt bis nahezu kreisförmig.

**Energie** Eine wirkende Kraft, die dazu nötig ist, etwas zu bewegen oder zu erwärmen. Sie kann weder erzeugt noch vernichtet werden, sondern lässt sich nur von einer Form in eine andere umwandeln.

**Feststoff** (siehe Materie)

**Flüssigkeit** (siehe Materie)

**Galaxie** Eine Ansammlung von Milliarden von Einzelsternen. Bei manchen Galaxien befinden sich große Mengen von Gas und Staub zwischen den Sternen.

**Gas** (siehe Materie)

**Geographische Breite** Ein Maß, das angibt, wie weit nördlich oder südlich des Äquators ein Ort liegt. Sie wird in Grad gemessen. Die geographische Breite am Äquator beträgt 0° und am Nordpol 90° Nord.

**Gravitation** Eine anziehende Kraft, die zwischen allen Körpern wirkt. Die Gravitationskraft wirkt zwischen zwei Körpern umso stärker, je näher sie zusammen sind und je größer ihre Masse ist.

**Haufen** Eine Familie von Sternen oder Galaxien. Sie halten im Weltraum zusammen, weil alle Mitglieder sich über ihre Schwerkraft gegenseitig anziehen.

**Hemisphäre** Eine Halbkugel. Auf einem Planeten liegt die nördliche Hemisphäre nördlich des Äquators und die südliche Hemisphäre südlich davon.

**Infrarotes Licht** Eine Art von Licht, die für das menschliche Auge unsichtbar ist. Alle warmen Körper geben Infrarotstrahlung ab und wir empfinden sie als Wärme auf unserer Haut.

**Interstellare Materie** Gas und Staub zwischen den Sternen.

**Kern** Die Region ganz in der Mitte eines Körpers. Er besteht oft aus anderer Materie als das ihn umgebende Material.

**Kernenergie** Energie, die aus den winzigen Bausteinen, aus denen die gesamte Materie besteht, freigesetzt wird. Die Sonne und Sterne erzeugen Kernenergie in ihren Zentren, wo es sehr heiß ist und Wasserstoffteilchen verschmelzen.

**Komet** Ein Himmelskörper aus Eis und Staub, der um die Sonne kreist und eine Wolke aus Gas und Staub abgibt, wenn er so nahe an die Sonne herankommt, dass die Sonnenwärme ihn aufheizt. Gas und Staub strömen in den Weltraum und bilden Schweife.

**Krater** Eine schüsselförmige Mulde auf der Oberfläche eines Planeten oder Mondes. Krater entstehen entweder, wenn Himmelskörper auf einen Planeten einschlagen, oder wenn der Gipfel eines Vulkans nach innen einbricht.

**Kruste** Die dünne Außenschicht eines Körpers.

**Lava** Flüssiges Gestein, das zum Beispiel aus einem Vulkan ausfließt. Lava ist deswegen flüssig, weil sie sehr heiß ist, wenn sie aus dem Erdinneren austritt. Sie erstarrt zu festem Gestein, wenn sie auf der Erdoberfläche abkühlt.

**Licht** Eine Energieform, die sich auch im leeren Raum (wie dem Weltraum) ausbreitet. Die Menschen können das sichtbare Licht wahrnehmen, aber es gibt auch Formen von Licht, die das menschliche Auge nicht sehen kann. Dazu gehört infrarotes und ultraviolettes Licht.

**Lichtjahr** Die Entfernung, die das Licht in einem Jahr zurücklegt. Das Licht bewegt sich mit einer Geschwindigkeit von über 300.000 km pro Sekunde und legt in einem Jahr 9,5 Billionen km zurück.

**Linse** Ein Stück geformtes Glas oder anderes Material, das dazu verwendet wird, Licht zu sammeln und zu fokussieren. Bei Ferngläsern und Refraktoren benutzt man die Linsen dazu, Licht zu sammeln und auf einen Brennpunkt zu bündeln.

**Magnetfeld** Eine Region, in der Magnetismus auftritt.

**Magnetismus** Eine Kraft, die in der Umgebung von magnetischem Material (wie ein festes Stück Eisen) oder in Material, in dem elektrische Ströme fließen (wie in einem Draht oder in dem Metallkern eines Planeten), wirkt. Magnetische Kräfte können anziehend oder abstoßend wirken.

**Mantel** Die Hauptgesteinsschicht, die zwischen der Planetenkruste und dem Kern liegt.

**Masse** Die Menge an Materie in einem Körper.

**Materie** Alle Dinge im Universum bestehen aus Materie, sowohl Gase und Flüssigkeiten als auch Feststoffe. Ein Gas kann sich sehr leicht bewegen. Es dehnt sich aus, um einen größeren Raum einzunehmen. Die Luft zum Atmen ist ein Gas, das aus mehreren chemischen Verbindungen besteht. Eine Flüssigkeit kann leicht fließen, aber im Gegensatz zu einem Gas dehnt sie sich nicht aus, wenn sie in einen größeren Raum gebracht wird. Ein Feststoff kann nicht fließen und behält seine Form bei. Fast alle Materialien können entsprechend ihrer Temperatur und ihrem Druck ihren Aggregatszustand zwischen gasförmig, flüssig und fest ändern. Auf der Erde beispielsweise gibt es Wasser in flüssiger, als Eis in fester und als Wasserdampf in gasförmiger Form.

**Meteor** Eine helle Leuchtspur, die wenige Sekunden lang am Nachthimmel sichtbar ist. Sie entsteht durch einen kleinen Himmelskörper, der auf die Erde niederstürzt und die Atmosphäre zum Leuchten bringt.

**Meteorit** Ein Kleinkörper aus dem All, der auf eine Planeten- oder Mondoberfläche niedergeht.

**Meteoroid** Ein im Vergleich zu einem Asteroiden sehr kleiner Körper, der um die Sonne kreist.

**Mikroskopisch** Damit beschreibt man etwas, das so klein ist, dass man ein Mikroskop braucht, um es zu erkennen.

**Milchstraße** Das Sternensystem, zu der auch unsere Sonne gehört. Das Licht der vielen, weit entfernten Sterne ist bei uns als nebliges, schwach leuchtendes Band am Nachthimmel zu sehen. Wir nennen die Milchstraße auch Galaxis.

**Milliarde** Eintausend Millionen.

**Mond** Ein natürlicher Körper, der einen Planeten umkreist. Monde bezeichnet man auch als natürliche Satelliten. Der Mond ist der natürliche Satellit der Erde.

**Nebel** Eine Wolke aus Gas oder Staub im Weltall. Helle Nebel bestehen aus leuchtendem Gas. Dunkle Nebel sind Wolken aus feinem Staub.

**Observatorium** Eine Beobachtungsstation, von der aus man mithilfe von Teleskopen das Universum erforscht. Auch an Bord von Flugzeugen und Satelliten kann es Observatorien geben.

**Optisch** Auf sichtbares Licht bezogen.

**Orbit** Die Bahn, auf der im Weltraum ein Körper um einen anderen Körper kreist, da die beiden sich gegenseitig durch ihre Gravitationskraft anziehen.

**Partikel** Ein sehr kleines Stückchen Materie.

**Planet** Ein Körper, der die Sonne oder einen anderen Stern umkreist und kein eigenes Licht ausstrahlt.

**Pol** Die Pole eines Planeten oder Mondes sind die Stellen, wo die Drehachse die Oberfläche trifft. Es gibt einen Nord- und einen Südpol. Die Himmelspole sind die Punkte am Himmel, die direkt über dem Nord- und dem Südpol eines Planeten oder Mondes liegen.

**Radiostrahlung** Eine Form der Energie, die dem Licht ähnlich, aber unsichtbar und nicht so energiereich wie sichtbares Licht ist.

**Röntgenstrahlung** Eine Form der Energie, die dem Licht ähnlich, aber unsichtbar und sehr viel energiereicher ist.

**Satellit** Ein Objekt, das einen Körper umkreist. Künstliche Satelliten sind von Menschenhand gebaute Körper, die in eine Umlaufbahn um die Erde gebracht wurden. Die Astronomen nennen die Monde, die um Planeten kreisen, »natürliche Satelliten«. Es gibt kleine Galaxien, welche die Satelliten von sehr viel größeren Galaxien sind.

**Schwarzes Loch** Ein winziges Raumvolumen, in dem sich eine riesige Materienmenge befindet. Seine Gravitationskraft ist so stark, dass nichts aus ihm entweichen kann – nicht einmal Licht. Man kennt zwei Arten von Schwarzen Löchern: 1. Schwarze Löcher von der Größe eines Sterns, in denen sich mehrere Sonnenmassen befinden. 2. Sehr massereiche schwarze Löcher in den Galaxienzentren, die eine Materienmenge von mehreren tausend oder Millionen Sonnenmassen umschließen.

**Solar** Auf die Sonne bezogen.

**Sonnensystem** Dazu gehört die Sonne und alles, was um sie kreist. Unser Sonnensystem umfasst die neun großen Planeten und ihre Monde, Asteroiden, Kometen, Meteoroide und Staub – dies alles wird durch die Gravitationskraft der Sonne auf seinen Bahnen gehalten.

**Stellar** In Zusammenhang mit den Sternen.

**Stern** Eine riesige Kugel aus heißem Gas, die Licht und Wärme abgibt, weil sie tief im Inneren Kernenergie freisetzt. Ein Gasball muss mindestens ein Zwanzigstel der Sonnenmasse besitzen, um zu einem Stern zu werden.

**Sternbild** Eine der 88 Sterngruppen, die zu einprägsamen Figuren verbunden sind.

**Strahlung** Gebündelte Energieströme, wie etwa sichtbares Licht oder Röntgenstrahlung.

**Supernova** (Plural: Supernovae) Die Explosion eines massereichen Sterns. Eine einzige Supernova kann so viel Licht aussenden wie mehrere Milliarden normal leuchtender Sterne.

**Treibhauseffekt** Dieser Effekt entsteht in der Atmosphäre eines Planeten durch bestimmte Gase, die die Sonnenwärme festhalten und den Planeten aufheizen. Einige Gase, wie etwa Kohlendioxid, erzeugen einen besonders starken Treibhauseffekt.

**Ultraviolettes Licht** Eine Art von Licht, das von sehr heißen Objekten ausgestrahlt wird und für das menschliche Auge unsichtbar ist. Ultraviolettes Licht ist viel energiereicher als sichtbares Licht und schädigt Lebewesen. Die Sonne strahlt ultraviolettes Licht aus. Ein Großteil davon wird von der Erdatmosphäre abgehalten, ein kleiner Teil durchdringt sie. Ultraviolettes Licht verursacht Sonnenbrand.

**Universum** Das gesamte Weltall einschließlich der Erde.

**Volumen** Die Menge an Raum, die ein Körper einnimmt.

**Weltraum** Der Raum außerhalb der Erdatmosphäre.

# Register

**Fett** gedruckte Seitenzahlen geben die Hauptverweise an.

# Bildnachweise

## Illustrationen

S.=Seite; l.=links; r.=rechts; u.=unten; o.=oben; M.=Mitte

Chris Forsey: S. 48 M.; Gary Hincks: S. 32 u., S. 35 u.; Rob Jakeway: Umschlag, S. 7, S. 8-9 (Hintergrund), S. 13 (Kasten), S. 15 (Hauptillustration), S. 16-17, S. 18-19, S. 21, S. 26 (Kasten), S. 27 o., S. 30-31, S. 38-39 u., S. 42 o. r., S. 46, S. 48-49, S. 53 o., S. 74-75 o.; Peter Sarson: S. 33, S. 35 o. l. und o. M., S. 44 u. l., 45 (Kasten), S. 59 l., S. 54, S. 56, S. 58-59 (Hintergrund), S. 74 M.; Guy Smith: S. 9 u. l., S. 10-11, S. 22-23, S. 28 u. l., S. 32 M., S. 35 o. r., S. 44 M., S. 52 M., S. 55 u., S. 59 (Kasten), S. 68-69, S. 70-71, S. 72-73; Roger Stewart: S. 5 u. l., S. 12 (Kasten), S. 15 (Einblendung und Kasten), S. 24-25, S. 26, S. 27 u., S. 28-29, S. 39 o., S. 43, S. 53 u.; Will Tirion: S. 60-61, S. 62-63, S. 64-65, S. 66-67.

## Fotos

S. 1 (Titelbild): NASA; S. 2 o.: Digital Vision; S. 2 u.: Bruce Balick University of Washington/NASA; S. 4 l.: ROE/AAT; S. 4 M. und r.: Digital Vision; S. 4/5 M.: Lund Observatory; S. 5 o. l.: Roger Ressmeyer/Corbis; S. 5 o. r. und M. l.: Digital Vision; S. 5 o. r.: Corbis-Bettmann; S. 5 u. l.: NASA; S. 5 u. M.: David Malin/Royal Observatory Edinburgh; S. 5 u. l.: D.A. Calvert, Royal Greenwich Observatory/Science Photo Library; S. 6 o.: NASA; S. 6 u., u. M. und r.: Digital Vision; S. 6 u.: Tony Stone Images; S. 7 o. und 7 r.: NASA; S. 7 l.: Digital Vision; S. 9 o.: Department of Astrophysics, University of Oxford; S. 9 u.: Digital Vision; S. 10: AAO/ROE, Foto von UK Schmidt, Scheiben von David Malin; S. 11 M.: Science Photo Library; S. 11 r.: Tony und Daphne Hallas/Science Photo Library; S. 1 l. u.: David Malin/Royal Observatory Edinburgh, Anglo Australian Telescope; S. 12 M.: David Malin/Anglo Australian Observatory, S. 12 r.: Anglo Australian Observatory, fotografiert von David Malin; S. 13 o.: NASA; S. 13 o. l.: European Southern Observatory; S. 13 M. l.: Anglo Australian Telescope Board; S. 13 u.: Digital Vision; S. 13 u. l.: David Malin/Anglo Australian Observatory; S. 13 M.: David Malin/Anglo Australian Observatory; S. 14 o. l.: Buddy Mays/Corbis; S. 14 o. r.: NRAO/AUI/J.O. Burns/E.J. Shreier/E.D. Feigelson; S. 14 u.: NASA; S. 16/17 o.: Anglo Australian Telescope Board; S. 17 M. r. und u.: NASA; S. 18: NASA, 19 o.: The SOHO-ETT Consortium (SOHO ist ein internationales ESA/NASA-Projekt); S. 19 M.: NASA; S. 19 u.: ZEFA; S. 20 o.: David Malin/Royal Observatory Edinburgh; S. 20 M.: Roger Ressmeyer/Corbis; S. 20 u.: Digital Vision; S. 20/21: Digital Vision; S. 21: NASA; S. 24: Space Telescope Science Institute/NASA/Science Photo Library; S. 25 l.: NASA; S. 25 M.: AAO/ROE, Foto von UK Schmidt, Scheiben von David Malin; S. 25 r.: Harvard University Library; S. 28 o. r.: Digital Vision; S. 28 o. l.: Jonathan Blair/Corbis; S. 28 u.: Smithsonian Institution/Science Photo Library; S. 29 o.: NASA; 29M NOAO/N.A. Sharp/G. Jacoby; S. 29 u.: Californian Institute of Technology und Carnegie Institution of Washington; S. 30 l.: NASA/JPL/Malin Space Science Systems; S. 32-33: NASA; S. 34 o.: Digital Vision; S. 34 u.: David P. Anderson, SMU/NASA/Science Photo Library; S. 35: Digital Vision; S. 36 l.: UPI/Corbis; S. 36 r.: Tony Stone Images/Richard Kaylin; S. 36 u.: NASA; S. 36/37: Hintergrund Tony Stone Images/Bob Barbour; S. 37 o. r.: Tony Stone Images; S. 37 M.: ZEFA-Stockmarket; S. 38: Digital Vision; S. 39: NASA; S. 40 l. und u.: NASA; S. 40 r. Digital Vision, S. 41 o. l.: UPI/Corbis-Bettmann; S. 41 o. r.: Royal Astronomical Society Library; S. 41 l. und M.: NASA; S. 41 M. l.: NASA/Science Photo Library; S. 41 M. r.: NASA/Science Photo Library; S. 42 l. und M.: NASA/JPL; S. 42 r.: NASA; S. 43 r.: NASA; S. 45 o. und u.: NASA; S. 45 M.: Digital Vision; S. 46: NASA; S. 47 u. l. und M.: Digital Vision; S. 47 M. und u. l.: NASA; S. 49: NASA; S. 50 l.: National Maritime Museum Picture Library; S. 50 r.: NASA; S. 51: NASA; S. 54: Pekka Parviainen/Science Photo Library; S. 55 o.: NASA; S. 55 u. l.: E.T. Archive; S. 55 u. l.: European Space Agency/Science Photo Library; S. 56 o.: The Natural History Museum, London; S. 56 u.: NOAO/Science Photo Library; S. 57 o. l. und u.: The Natural History Museum, London; S. 57 o. r.: Francois Gohier/Science Photo Library; S. 57 M.: NASA/Science Photo Library; S. 58 und S. 59 o. r.: Frank Zullo/Science Photo Library; S. 59 o. M.: Meade Instruments; S. 60 l. Richard Cummins/Corbis; S. 60 r. NASA; S. 62 o. Bodleian Library; S. 62 l. Mary Evans Picture Library, S. 68 l.: Roger Ressmeyer/Corbis; S. 68 r.: John Sanford/Science Photo Library, S. 69: Lick Observatory, University of California; S. 70 l.: NASA; S. 70 o. M.: Science Photo Library; S. 70 u. M.: NASA/Science Photo Library; S. 71: NASA/Science Photo Library; S. 74/75: Hintergrund und S. 74 l.: John Sanford/Science Photo Library; S. 74 r.: Royal Observatory, Edinburgh; S. 75: Roger Ressmeyer/Corbis.

Umschlag: NASA u. Bruce Balick, University of Washington/NASA.